# 자동차
# 케미컬의 대발견

장재덕 감수 / (주)골든벨R&D연구센터 편성

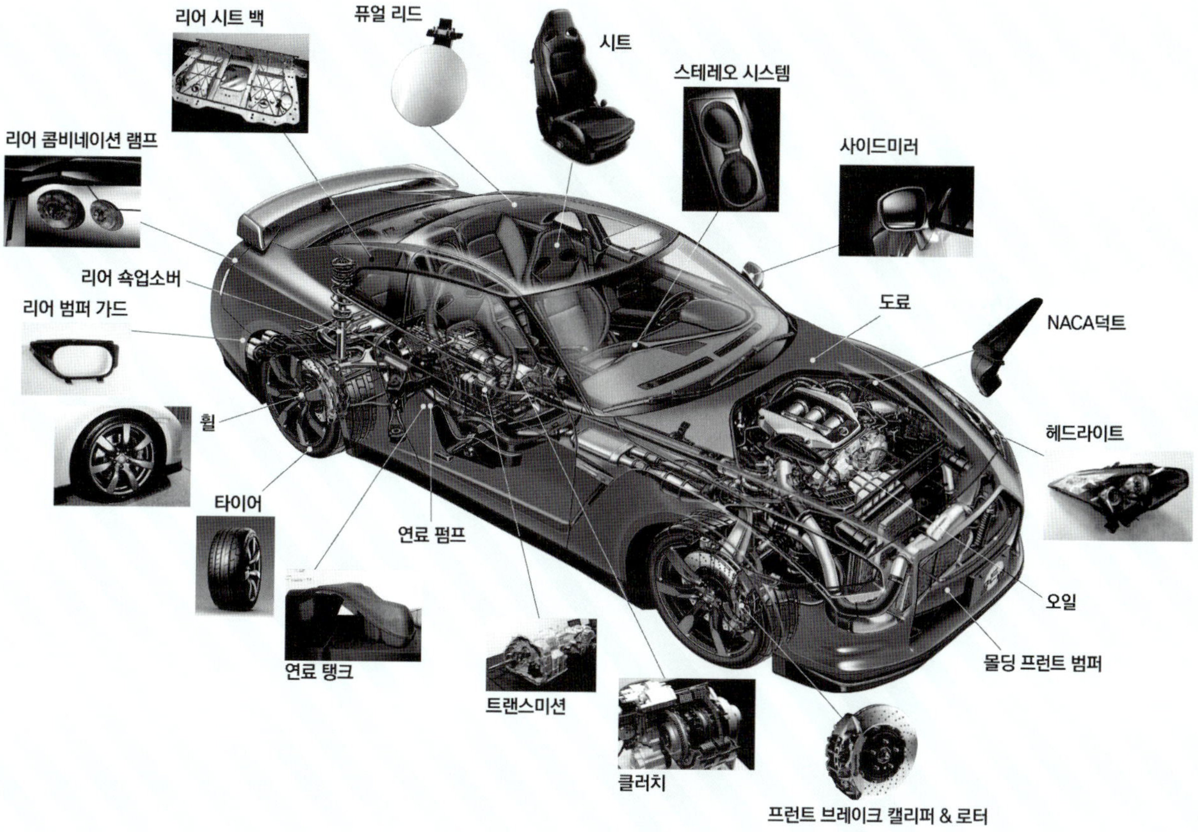

리어 시트 백
퓨얼 리드
시트
스테레오 시스템
사이드미러
리어 콤비네이션 램프
리어 쇽업소버
리어 범퍼 가드
도료
NACA덕트
헤드라이트
휠
타이어
연료 펌프
오일
몰딩 프런트 범퍼
연료 탱크
트랜스미션
클러치
프런트 브레이크 캘리퍼 & 로터

GoldenBell
www.gbbook.co.kr

　최근 세계적으로 자동차공업은 매우 빠른 속도로 발전하고 있으며, 이에 따른 환경 문제가 크게 대두되고 있다. 이를 극복하기 위한 대책으로 친환경 자동차용 화학적 연료 및 자동차에서 사용하고 있는 모든 윤활유와 도료, 연료전지 등 케미컬류를 분석 및 고찰하여 대응해야 한다.

　그러나 자동차 케미컬류에 대하여 실제 개발한 역사와 기능의 분석에 정보가 필요한데 일반적인 기술정보 및 지식을 얻기가 쉽지 않다. 우리가 늘 사용하는 가솔린, 경유, LPG 등에 대한 정제 경로와 친환경적 화학적 연료로써 가솔린과 메탄올의 혼합연료, 메탄(천연가스), 카본 뉴트럴과 바이오 에틸렌 등에 대한 기본 정제방법의 기술을 알아보고, 환경에 대처하는 기술 확보가 필요하다.

아울러 연비 향상을 도모하는 화학적 윤활유와 엔진 탄생의 비밀과 화학적 저력을 살펴보고, 4행정 사이클 엔진의 발명, 자동차 안전 지킴이인 타이어의 고무 및 재료와 자동차의 화장품인 도료의 화학적 성분 및 종류에 대해 분석하고 있다.

　친환경 전기 자동차(EV), 하이브리드 자동차(HEV)용 핵심적 전지에서는 최근 진화하는 연료전지와 차세대 혁신 전지의 화학과 연료전지의 발전 원리, 포스트 리튬이온 전지에 알아보고 자동차 경량화의 목표, 플라스틱 재료와 그 성형기술에 대한 지식도 제시한다. 최근 자동차 기술은 효율성과 유용성이 높은 화학 재료 사용을 통해 친환경적이고 저 원가 제품의 설계로 발전하고 있다.

　이 책은 자동차에서 사용하는 모든 케미컬류에 대해 분석하고 실제 적용에 대한 기술을 정리하고 서술하였으며, 기계공학 및 자동차공학을 전공한 엔지니어로서 화학 재료의 기술력 향상에 도움이 될 것이다. 자동차 부품 설계나 정비 등 업무 수행 시 참고자료로 유용한 정보 제공이 될 것으로 기대한다. 특히 화학을 전공하지 않은 엔지니어에게는 많은 도움이 되리라 믿는다.

　본 책은 (주)골든벨에서 기획하고 교정과 교열을 감수한 서적으로서 자동차 케미컬류를 분석하고 실제 경험을 공부하는 모든 분에게 도움이 되기를 바란다.

감수자
공학박사 **장 재 덕**

# Preface

자동차 산업은 대들보 같은 존재로 없어서는 안 될 산업 분야이다. 자동차가 탄생했던 시기 또는 그 후의 기술적인 발전을 거듭해오던 역사에 있어서 화학이 자동차에 대해 어떻게 공헌해왔는가를 알기 쉽게 서술하려는 것이 이 책의 목적이다.

화학이라고 하면 뭔가 가까이하기 어려운 듯한 이미지가 있지만, 물질의 구조나 성질을 연구하는 화학을 빼고는 자동차나 전기 분야의 신소재 개발, 바이오테크놀로지의 발전을 기대할 수 없다.

좀 더 하이 퀄리티로 발전하는 다양한 자동차 내외의 소재와 구성 요소를 한 권에 집약한 것은 이 책뿐이다. 특히 책을 펼치면 하나의 주제를 한 면은 내용으로 또 다른 한 면에서는 이해를 도울 일러스트로 매 단락을 매듭지었다.

그래서 조금이라도 화학과 친밀해질 수 있도록 친환경 자동차용 화학적 연료, 연비 향상을 지원하는 윤활유, 타이어와 고무 재료, 자동차용 도료, 전기 자동차와 하이브리드 자동차용 전지, 연료 전지와 차세대 혁신 전지, 플라스틱 재료와 성형 기술로 편성하여 이해하기 쉽도록 서술하였다.

이 책은 자동차 화학적 내용이 궁금한 이들에게 오아시스와도 같으리라. 그래서 지금부터 자동차 화학에 흥미를 갖게 된다면 더 이상 바랄 것이 없겠다.

**(주)골든벨R&D연구센터**

# 목차

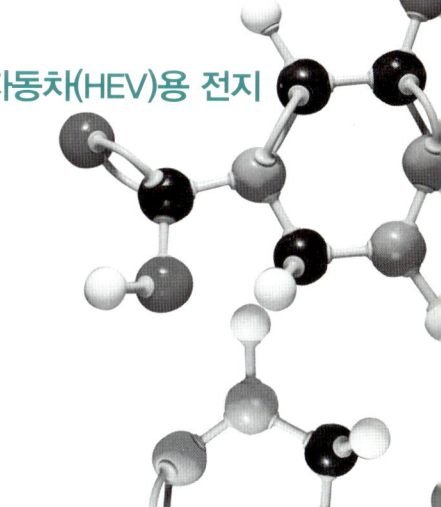

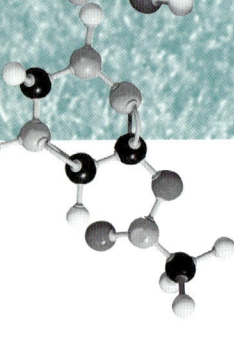

## 7. 진화하는 연료 전지와 차세대 혁신 전지의 화학

## 8. 자동차 경량화를 뒷받침하는 플라스틱 재료와 성형 기술

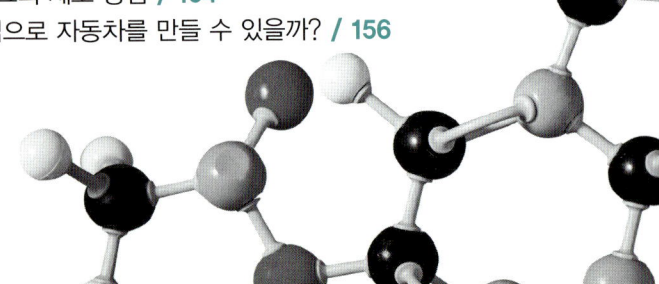

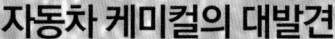

# 1

## 친환경 자동차용
## 화학적 연료

# 01 자동차의 연료는 석유가 원료

### 석유는 재생 불가능한 바이오 원료

**자동차 연료**로는 메탄올이나 에틸렌도 일부 사용되고 있지만, **가솔린**이나 **경유** 또는 LPG(Liquefied Petroleum Gas 액화 석유 가스)의 3가지가 현재의 주류이며, 이 것들은 석유로부터 나온 연료이다. 석유의 생성 원인에 대해서는 생물과 관계가 있다고 하는 유기성인설(有機成因說)과 무기성인설로 크게 나눌 수 있다.

여기에서는 많은 지지자를 확보한 유기성인설을 소개하겠다. 생물의 몸을 구성하고 있는 유기물은 그 생물이 죽은 후 물 등에 의해 운반되어 바다의 밑바닥에 퇴적되어 거기에서 박테리아(미생물)와 물의 영향으로 분해되어 이산화탄소와 물로 된다. 그러나 분해되지 않은 유기물은 진흙 속에 묻혀서 진흙 바위가 된다.

이 과정에서 진흙은 비중이 커져 단단한 진흙 바위(岩)가 되며, 진흙 바위에 포함된 유기물은 상호 화학 결합을 통해 커다란 덩어리가 형성이 되는데 이를 케로겐(kerosene)이라 한다. 지하에 깊이 들어감에 따라 온도가 높아지고 크게 성장한 케로겐은 이번에는 거꾸로 열분해 되어 이산화탄소와 물이 된다. 수천 미터 이상 깊어지면 케로겐에서는 이산화탄소와 물 이외에 탄화수소가 방출되며, 이 탄화수소야말로 석유의 주성분이 된다.

케로겐으로부터 방출된 탄화수소는 암석의 갈라진 틈을 통해 모래나 석탄의 미세한 틈에 부착되어 거기에 모여지게 되며, 이동 거리는 수백 킬로미터에 달한다고 한다. 이렇게 해서 탄화수소가 농축되어 집합된 곳을 석유 광산이라고 하며 액체 상태를 유전이라고 부른다. 석유의 채굴 가능한 연수(채굴 시점에서의 기술로, 채산성이 맞는 가격으로 채굴 가능한 연수)는 석유 가격이 올라가면 신장한다는 특성이 있어 1배럴당 2달러였던 1970년의 채굴 가능 연수는 35년, 1배럴에 100달러 전후의 오늘날에는 채굴 가능 연수는 52년이 되었다.

❖Tip❖

ㅣ 자동차의 연료는 석유가 주된 원료이다.
ㅣ 석유의 생성 원인은 생물과 관계되는 유기성인설이 유력하다.

## 자동차용 연료의 종류와 원료

| 원료 | | 자동차용 원료 |
|---|---|---|

석유 — **종류** → LPG / 가솔린 / 경유

(2항 그림 참도)

**석유에서 나오는 3주력 연료**

천연가스 / 석탄 / 오일 젤 / 오일 샌드 — **가스화** → 천연가스 / 메탄올 / 합성 가솔린

곡물 — **발효** → 에틸렌

공기중의 산소와 연소 반응시
1. 열에너지
2. $H_2O$
3. $CO_2$
등 을 만든다.

## 유전이 생기는 방법과 지층 중에서 유전의 모양

(1) 유전이 생기는 방법

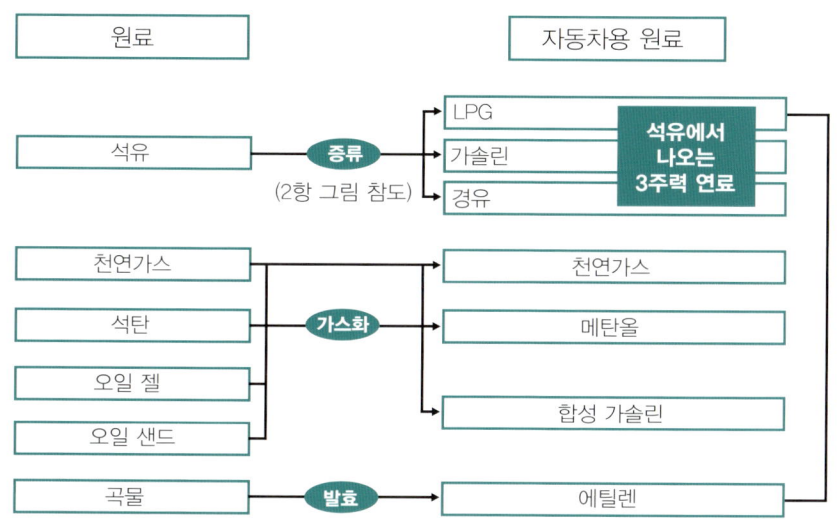

생물
↓
박테리아에 의한 분해
↓
케로겐(유기물)
↓
열분해 ⇒ 석유(탄화수소)
↓
크래킹 ⇒ 천연가스

(2) 지층 중에서 유전의 모양

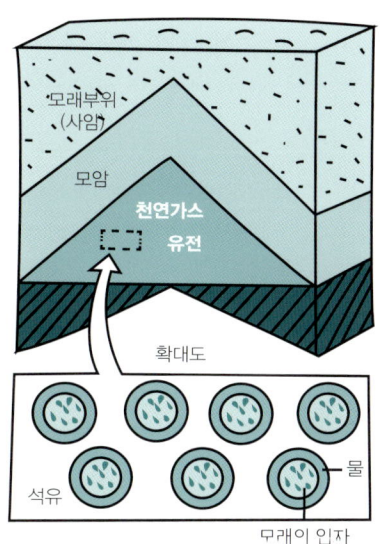

모래부위 (사암)

모암

천연가스 유전

확대도

석유

물

모래이 인자

# 02 자동차의 연료를 만드는 석유 정제 시설

플라스틱의 원료와 윤활유도 동시에 가능

원유(유전으로부터 채굴한 상태의 정제되지 않은 석유)의 조성은, 탄소 수 50 이하의 저 분자의 탄화수소 혼합물로서 지방족(aliphatic) 포화 탄화수소(파라핀)와 지환식(alicyclic) 포화 탄화수소(시크로파라핀)를 많이 점유하고 있다.

방향족 화합물은 적고 이중결합을 가진 지방족 불포화 탄화수소류(올레핀)는 포함되어 있지 않으며, 원유의 성분으로서는 자동차용 가솔린 및 석유화학 원료인 나프타에 적합한 성분은 20% 이하, LPG(액화석유가스)에 적합한 성분은 1%, 50% 이상이 중유 등의 중질뿐이다. 또 불순물로서 유황 성분, 질소 성분 이외에 바나듐이나 니켈 등 30종류의 금속 성분이 포함되어 있다.

석유 정제란 포화 탄화수소를 주성분으로 하고 있지만 복잡한 혼합물로 되어 있는 원유로부터 제품 가격이 높은 가솔린이나 경유 등을 사용하는 수송 기관의 연료와 석유화학의 원료인 나프타(열분해 때문에 에틸렌이나 포로필렌을 생성한다) 및 방향족 화합물(벤젠, 톨루엔, 크실렌), 그리고 윤활유를 만드는 것이다.

그 최초의 공정인 석유 정제 시설을 가동하고 있다. 자동차의 연료인 가솔린이나 석유화학 연료의 에틸렌이나 벤젠은 원유 그 자체에 분자 구조가 포함되어 있지 않다. 따라서 원유를 "분별"하는 증류 공정에서만 얻을 수 있는 것이 아니고, 증류 공정 후에 화학 반응을 시킨다.

석유의 정제 공정에서 얻어진 제품 중에서 가솔린이 최고 높은 수익을 낼 수 있으므로, 원유로부터 어떻게 많은 가솔린을 수확할지가 석유 정제 공정의 목표가 된다. 원유에 포함된 소금 성분은 그 후의 정제 공정의 장치를 부식시키므로 최초에 제거한다. 그 후 상압 증류에 의한 가스, 경질 나프타, 중질 나프타, 등유, 경질 경유를 순서에 따라 수확하며, 증류에서 처리하지 못하면 잔유가 남게 된다. 잔유를 감압 조건으로 재차 증류해서 윤활유를 얻어낸다.

 ❖Tip❖

ㅣ 원유는 포화 탄화수소가 주성분.
ㅣ 석유를 정제해서 수송 기관의 연료,석유화학 원료 및 윤활유를 만든다.

## 석유 정제 공정에서 분자의 이미지도

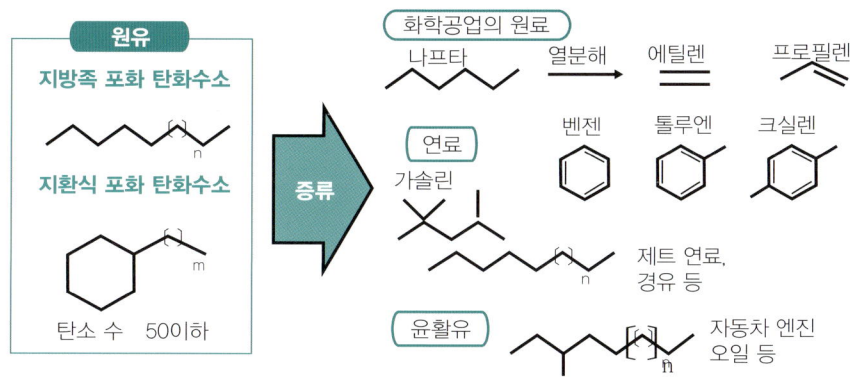

**원유**

지방족 포화 탄화수소

지환식 포화 탄화수소

탄소 수  50 이하

증류

화학공업의 원료

나프타  →(열분해)→  에틸렌    프로필렌

벤젠   톨루엔   크실렌

연료

가솔린

제트 연료, 경유 등

윤활유

자동차 엔진 오일 등

## 각 연료의 대표적 성상

| 연료 | LPG | 가솔린 | 제트 연료 | 등유 | 경유 | 중유 |
|---|---|---|---|---|---|---|
| 탄소수 | 3~4 | 5~10 | 8~12 | 10~14 | 14~20 | 20~50 |
| 비등점(℃) | -40~0 | 30~200 | 140~250 | 200~300 | 200~350 | 300 이상 |
| 비중 | 0.5~0.63 | 0.7~0.75 | 0.75~0.85 | 0.77~0.85 | 0.83~0.88 | 0.9~1.0 |

## 석유 정제 공정의 개요 (자동차의 연료를 만드는 공정)

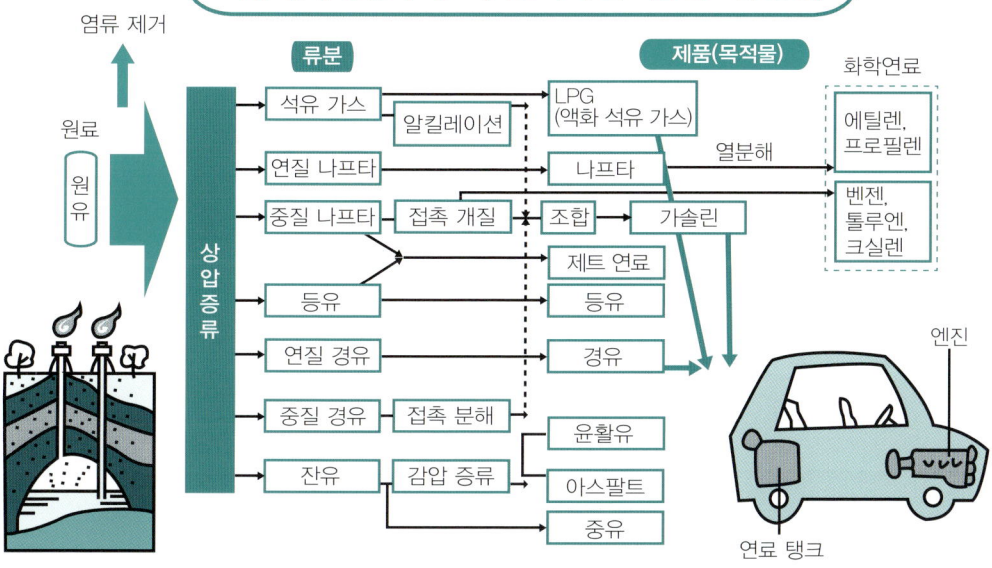

염류 제거

원료

원유

상압 증류

류분

석유 가스 → 알킬레이션

연질 나프타

중질 나프타 → 접촉 개질

등유

연질 경유

중질 경유 → 접촉 분해

잔유 → 감압 증류

제품(목적물)

LPG (액화 석유 가스)

나프타  →(열분해)→

조합 → 가솔린

제트 연료

등유

경유

윤활유

아스팔트

중유

화학연료

에틸렌, 프로필렌

벤젠, 톨루엔, 크실렌

엔진

연료 탱크

# 03 돈버는 가솔린을 원유로부터 보다 많이 수확하는 방법

가솔린은 여러 가지로 나누어지는 탄화수소의 브렌드 품

가솔린은 탄소 수가 5~10 정도로 나누어지는 많은 **포화 탄화수소**와 **방향족 화합물**의 **혼합물**이다. 옥탄가(octane number)가 높은 이소옥탄(iso-octane)에 가까운 구조가 많이 포함된 고품질의 가솔린이다.

4사이클 엔진(흡입, 압축, 폭발, 배기)에서 요구하는 연료의 성능은 고온 하에서 약간의 시간을 둔 후에 강력하게 연소되는 것이다. 이 성능은 "자기착화가 발생되지 않거나" 또는 '엔진의 노킹이 발생되지 않는 것'으로 표현할 수 있으며 옥탄가는 수치로 정량화 되어 있다. 옥탄가가 큰 연료는 노킹이 발생되지 않기 때문에 좋은 연료라고 한다. 옥탄가 0과 100의 기준 물질은 그림 1에 표시한 것처럼, 각각 노멀 헵탄(n-heptane)과 이소옥탄으로 정해져 있다.

실제 가솔린의 옥탄가는 표준 테스트 엔진에서 노킹을 일으키는 수치를 시험해서 측정하고, 이 결과 수치가 예를들면 이소옥탄 70%와 노멀 헵탄 30%의 혼합물과 같은 수치를 나타내면 이 가솔린의 옥탄가는 70이 되며, 옥탄가는 파라핀〈올레핀〈방향족 순으로 높아지게 된다. 가솔린의 주 원료가 되는 중질 나프타는 사슬(linear) 구조이므로 이소옥탄과 같은 구조를 만들려면 분자 구조를 개조할 필요가 있다.

이 공정은 "접촉 개질"(그림 2)로서 여러 분기로 나누어지는 동시에 석유 화학 공업의 중요한 원료인 벤젠 등의 방향족 화합물과 수소가 생성된다. 또 부족한 가솔린 양을을 보완하기 위해 중질 경유를 분해해서 탄층 수를 감소시키는 것이 "접촉 분해"라는 공정으로 석유 정제에서 매우 중요한 공정이다.(그림 3)

석유 가스의 탄소 수 4인 이소부단과 탄소 수 4의 부틸렌으로부터 산의 촉매를 사용해서 탄소 8의 분기가 많은 옥탄을 합성하는 기술이 3번째의 방법이다. 이 방법으로 만들어진 것을 알킬레이션 가솔린이라고 말한다(그림 4). 가솔린은 이들 3가지의 방법으로 제조하여 브랜드로서 제품이 된다.

❖Tip❖

Ⅰ 가솔린 분자는 여러 가지로 분기되는 많은 포화 탄화수소
Ⅰ 가솔린은 3가지 방법으로 제조
Ⅰ 접촉 개질(질의 개선), 접촉 분해, 알킬레이션

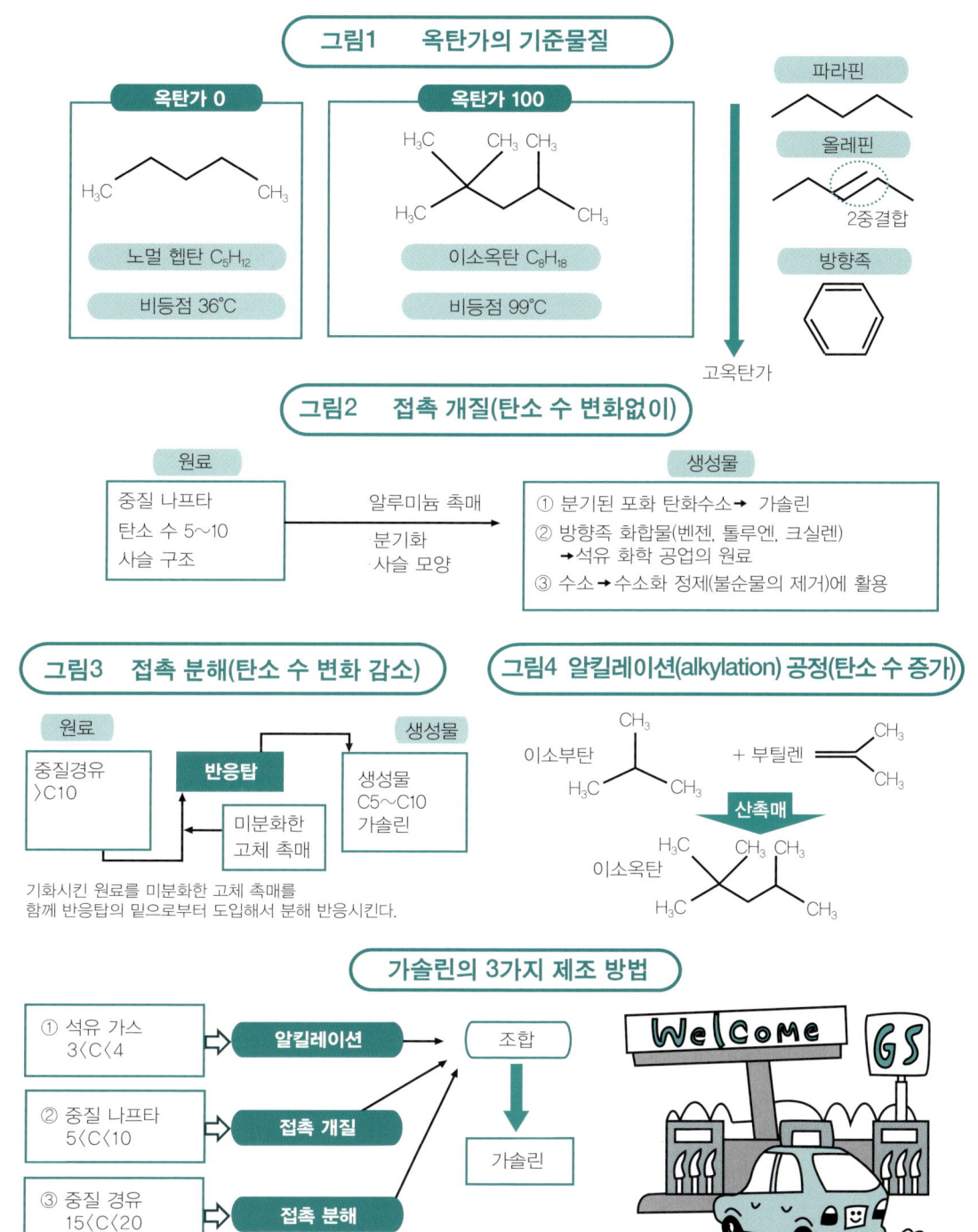

## 그림1  옥탄가의 기준물질

**옥탄가 0**

$H_3C$ ──── $CH_3$

노멀 헵탄 $C_5H_{12}$

비등점 36℃

**옥탄가 100**

$H_3C$  $CH_3$ $CH_3$
$H_3C$ ──── $CH_3$

이소옥탄 $C_8H_{18}$

비등점 99℃

파라핀

올레핀

2중결합

방향족

고옥탄가

## 그림2  접촉 개질(탄소 수 변화없이)

원료

중질 나프타
탄소 수 5~10
사슬 구조

알루미늄 촉매
·분기화
·사슬 모양

생성물

① 분기된 포화 탄화수소 ➔ 가솔린
② 방향족 화합물(벤젠, 톨루엔, 크실렌)
 ➔ 석유 화학 공업의 원료
③ 수소 ➔ 수소화 정제(불순물의 제거)에 활용

## 그림3  접촉 분해(탄소 수 변화 감소)

원료

중질경유
>C10

반응탑

미분화한
고체 촉매

생성물

생성물
C5~C10
가솔린

기화시킨 원료를 미분화한 고체 촉매를
함께 반응탑의 밑으로부터 도입해서 분해 반응시킨다.

## 그림4  알킬레이션(alkylation) 공정(탄소 수 증가)

이소부탄

$CH_3$
$H_3C$ ── $CH_3$

+ 부틸렌

$CH_3$
$CH_3$

산촉매

이소옥탄

$H_3C$  $CH_3$ $CH_3$
$H_3C$ ──── $CH_3$

## 가솔린의 3가지 제조 방법

① 석유 가스
3<C<4

➔ 알킬레이션

② 중질 나프타
5<C<10

➔ 접촉 개질

③ 중질 경유
15<C<20

➔ 접촉 분해

조합

➔ 가솔린

WelCOme  GS

# 04 프리미엄 가솔린이란
### 고옥탄가로 개량하는 3가지 비책

　국내에서 레귤러 가솔린의 옥탄가는 91 정도이다. 이에 대하여 "고옥탄"또는 "프리미엄 가솔린"으로 불려지고 있는 제품의 대부분은 98~100이다. 옥탄가를 향상시키는 방법은 세 가지가 있다.

　첫 번째는 사슬구조인 포화 탄화수소인 원유를 이소옥탄(옥탄가 100%) 처럼 분기가 많은 포화 탄화수소에 분자 구조로 변화하는 방법이다. 그래서 더욱 옥탄가가 높은 것을 선별해서 기본 가솔린으로 한다.

　분기화 하는 방법은 앞에서 설명했던 것처럼 증류 후 유분의 탄소 수의 차이에 따라 알킬레이션, 접촉 개질, 접촉 분해의 세가지가 있다.

　옥탄가를 향상시키는 두 번째 방법은 옥탄가가 높은 방향족 탄화수소(벤젠, 톨루엔, 크실렌 등)를 혼합하는 것이다. 그러나 방향족은 비중이 커서 가솔린 엔진에 필요한 시동 성능, 가속 성능이 좋지 않기 때문에 첨가율에 한도가 있다. 또 최근에는 벤젠의 유해성이 문제시 되어 저 벤젠화의 움직임이 있다.

　옥탄가를 향상시키기 위한 세 번째 방법은 안티 노킹제 또는 옥탄가 향상제로 불리는 화학물질을 소량 첨가하는 경우도 있다. 이 첨가제는 탄화수소의 라디칼 분자를 발생하기 쉽게 노크의 원인이 되는 히드록시 라디칼(hydroxy radical) (OH)을 보충함으로써 노크를 억제하는 원리이다.

　이전에는 4 에틸납 등 유연 화합물을 첨가한 유연 가솔린이 자동차 가솔린으로 사용되었지만 유해 규제로 국내에서는 1993년까지 완전히 무연화되었다. 유기 망간 화합물도 규제되고 있다. 현재는 이것들 대신에 에틸, 에틸테르부틸에테르(ETBE)등의 에틸계 화합물이 주로 사용되고 있다(12항 참조).

**❖Tip❖**
Ⅰ 분기가 많은 분자 구조의 포화 탄화수소로 개질
Ⅰ 방향족 탄화수소를 혼합한다.
Ⅰ 안티 노킹제를 첨가한다.

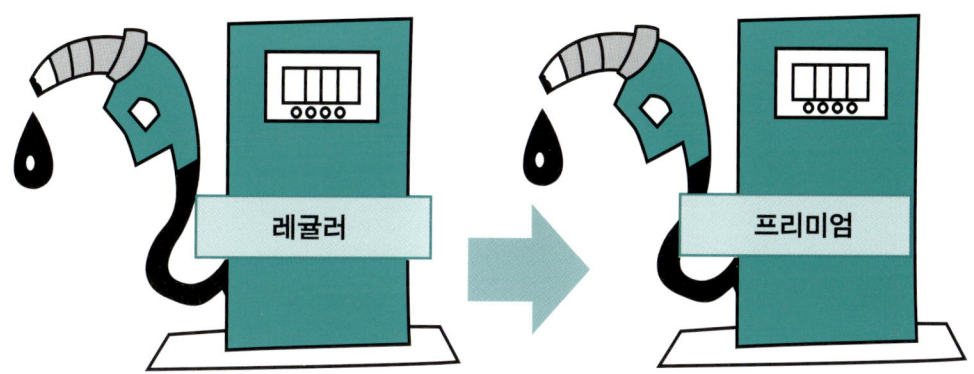

레귤러 → 프리미엄

## 프리미엄 가솔린을 만드는 방법

(1) 사슬 탄화수소 → 분기된 많은 탄화수소로 변한다.

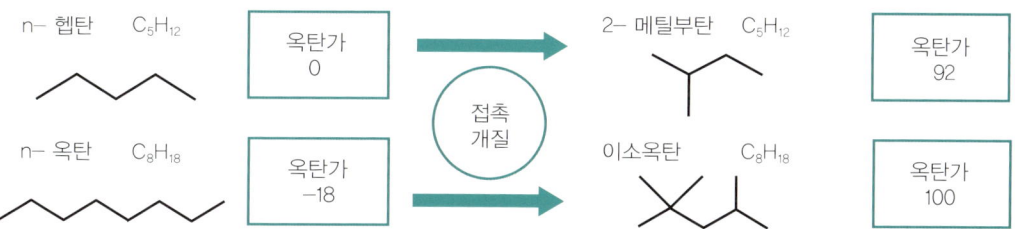

n- 헵탄  $C_5H_{12}$   옥탄가 0   접촉 개질   2- 메틸부탄  $C_5H_{12}$   옥탄가 92

n- 옥탄  $C_8H_{18}$   옥탄가 -18   이소옥탄  $C_8H_{18}$   옥탄가 100

(2) 옥탄가가 높은 방향족 탄화수소를 혼합한다.

① 벤젠  $C_6H_6$   옥탄가 99

② 톨루엔(toluene) $C_7H_8$   옥탄가 121

③ p-크실렌  $C_8H_{10}$   옥탄가 146

(3) 안티 노킹제(옥탄가 향상제)를 첨가한다.

노킹의 원인이 되는 히드록시 래디칼( OH)을
보충하는 안티노킹제를 참가하여 노킹을 억제한다.

노킹의 원인

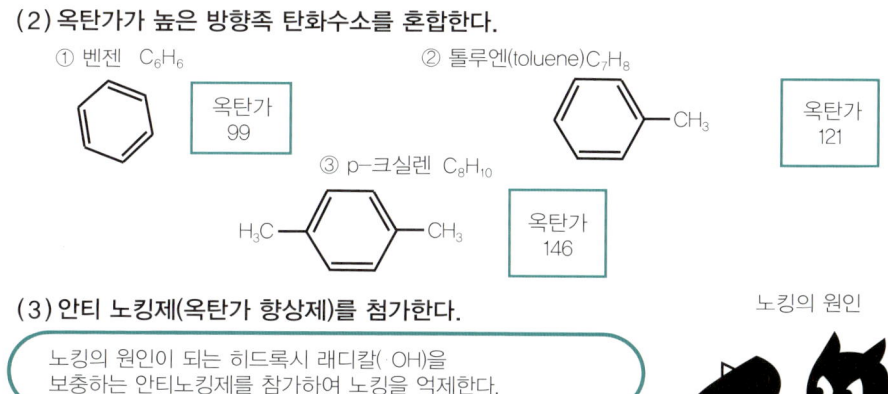

안티노킹제의 예

에틸테르부틸에테르
(ETBE)
$C_4H_9OC_2H_5$

# 05 "경"자동차의 연료가 아닌 "경유"

**빠르게 연소시키는 데는 순수한 분자가 좋다.**

**경유**란 앞 02에서 언급한 것처럼 원유로부터 정제되는 석유 제품의 일종으로 **디젤 엔진의 연료**로 사용되고 있다. 경유의 이름은 중유에 대해서 붙여진 것으로서 "경자동차의 연료"라는 의미는 아니다.

최근에는 셀프식 주유소에서 가솔린용 자동차에 경유를 실수로 급유하는 경우가 많아지고 있으며, 경유는 가솔린보다 탄소 수가 2배 정도 많은 연료이다. 디젤 엔진은 연료소비량이 적기 때문에 세계적으로 봐도 트럭이나 버스에 많이 사용하며, 또 최근에는 승용차 중에서도 차량 중량이 무거운 레저용 차량(Recreational Vehicle)에 사용되고 있다.

가솔린 엔진과 디젤 엔진의 비교표를 우측 페이지 위에 표시하여 두었다. 가솔린 엔진보다 압축비를 더 높인 공기에 안개 상태의 경유를 분사하여 자기착화시키는 것이 디젤 엔진의 기본 원리이다. 점화장치가 없으므로 얼마나 신속하게 연소가 이루어지는가의 성능이 연료에 요구된다. 이를 위해서는 사슬(linear) 구조의 포화 탄화수소가 적합하며 분기가 많은 포화 탄소수소가 적합한 가솔린 엔진과는 반대의 관계에 있다.

원유는 원래 사슬구조의 탄화수소가 주성분이기 때문에 증류한 연질 경유를 있는 그대로 사용할 수 있다. 가솔린 처럼 사슬 분자를 분기 분자로 개조하는 공정이 불필요하기 때문에, 그만큼 저렴하게 생산할 수 있다. 자기착화의 용이성을 정량화한 것이 세탄가(cetane number)로서 가솔린의 옥탄가에 상당하는 수치이다. 사슬의 핵사데칸(hexadecane)의 세탄가를 100, 분기된 이소세탄의 세탄가를 15로 정해둔다. 세탄가 0이 옥탄가 100에 상당한다.

일반적으로 자동차용 경유의 세탄가는 40~55 정도이며, 니트로 화합물을 혼합하여 세탄가를 3 정도 높인 것을 "프리미엄 경유"라고 한다. 디젤 엔진으로부터 배출되는 부유 입자상 물질에는 발암성의 유기 화합물이 포함되어 있어서 문제가 된다. 이것을 제거하는 촉매가 개발되었지만, 유황분이 이 촉매의 활성을 떨어뜨리기 때문에 경유 중의 유황 농도는 현재 10 ppm이하로 엄격히 규제하고 있다.

**❖Tip❖**
I 디젤 기관은 빠른 연소 성능이 필요
I C14~20의 사슬 포화 탄화수소가 좋다.
I 옥탄가《《세탄가

## 가솔린 엔진과 디젤 엔진의 비교표

|  | 가솔린 엔진 | 디젤 엔진 |
|---|---|---|
| 연료 | 가솔린 | 경유 |
| 탄소 수 | 5~10 | 14~20 |
| 대표 특성 | 옥탄가 | 세탄가 |
| 적합한 분자 구조 | 분기가 많은 포화 탄화수소 | 사슬의 포화 탄화수소 |
| 점화 방식 | 불꽃 점화(점화 플러그 방식) | 압축 자기착화 |
| 연료 혼합 방식 | 연료와 공기의 예비 혼합 방식·흡입 공기량을 제어 | 실린더 내 분사방식·연료 분사량을 제어 |
| 압축비 | 9~12.5 | 17~23 |

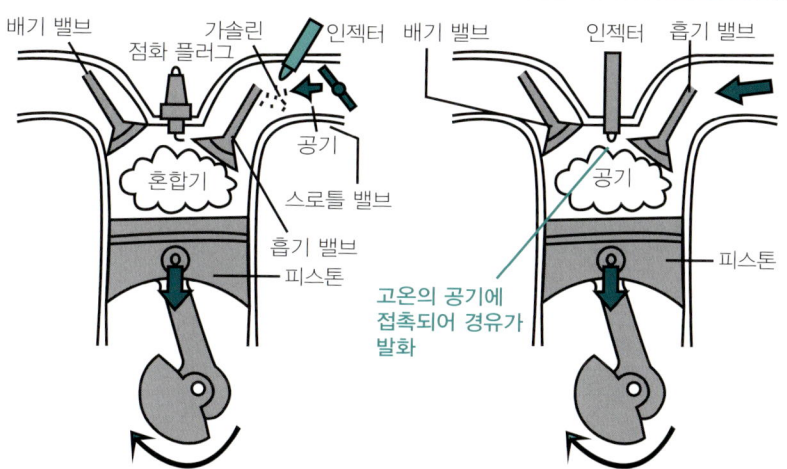

## 세탄가의 기준 물질

| 분자명 | n-핵사데칸 (세탄) | 이소세탄 |
|---|---|---|
| 분자식 | $C_{16}H_{34}$ | $C_{16}H_{34}$ |
| 분자량 | 226.4 | 226.4 |
| 분자구조 | 사슬 구조 | 분기가 많음 |
| 세탄가 | 100 | 15 |
| 비등점(°C) | 287 | 240 |
| 비중 | 0.89 | 0.79 |

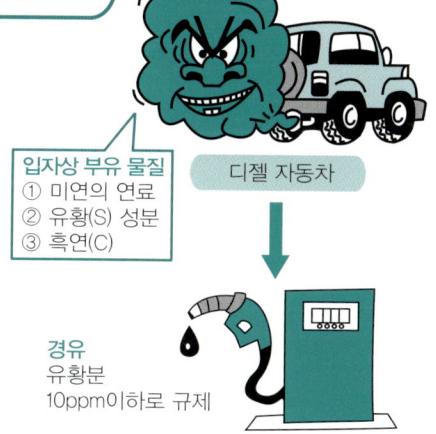

입자상 부유 물질
① 미연의 연료
② 유황(S) 성분
③ 흑연(C)

디젤 자동차

경유
유황분
10ppm이하로 규제

# 06 LPG를 프로판 가스라고 부르지 말아야 한다.
LPG 엔진

　　LPG(액화 석유 가스)란 부탄과 프로판을 주성분으로 한 석유에서 나오는 3가지 주력의 연료 중 1가지이다(01 참조). 단, 완전한 석유 생성물이 아니라 천연가스 등 석유 이외에 나올 수 있는 것이 절반가량을 차지한다.

　　도시가스의 시설이 없는 지역에서 일반적으로 "프로판 가스"라고 하며, 일상생활의 연료로써 사용되고 있다. LPG는 부탄이 보다 많이 포함되어 있으므로 "프로판 가스"라고 부르는 것은 바르지 않다. LPG는 상온에서 1 MPa 정도의 압력으로 액화되며, 체적이 250분의 1로 되어 운반성이 향상된다. 비점(끓는점)은 n−부탄이 −0.5℃, 프로판이 −42℃이기 때문에 국내에서 여름철에는 옥탄가가 낮은 부탄계를 사용하고 겨울철에는 비등점이 낮은 프로판을 혼입한 것을 사용한다.

　　LPG의 장점은 유황 성분을 포함하고 있지 않기 때문에 엔진의 부식이나 마모가 적고, 촉매 변환기의 내구성이 길어지면 엔진 본체의 구조는 가솔린 엔진과 차이가 없다. LPG 엔진의 연료 시스템은 연료 탱크, LPG를 증발시키는 증발기(vaporizer), 연료를 주입하는 인젝터 등으로 구성되어 있다.

　　LPG의 수송은 소량의 경우(10~50kg)에는 봄베로 대량의 경우에는 LPG 전용 탱크로리를 사용하며, LPG 전용 가스 충전소가 국내에도 많이 있다. LPG 엔진은 주로 택시에(전 택시의 95%) 사용되고 있으며, 지게차 등 작업차에도 사용되고 있다. 터키나 폴란드에서는 최근 10년간 약 10배로 급증하고 있다.

　　LPG는 가솔린 자동차와 마찬가지로 배기가스의 규제가 엄격히 규정되어 있으며, LPG의 옥탄가는 105 정도로 고옥탄 가솔린보다 높다. LPG는 유황 성분을 포함하고 있지 않은 클린 연료로써 인식되어 있으며, 디젤 엔진에도 적용이 연구되고 있다. (이미 개발되어 상용화됨) 또 LPG는 최근 화제가 되고 있는 연료 전지 방식의 가정용 열병합 발전 시스템(54항 참조)의 연료로도 사용되고 있다.

❖Tip❖
I LPG는 부탄과 프로판이 주 성분
I 유황 성분을 포함하지 않은 클린 연료

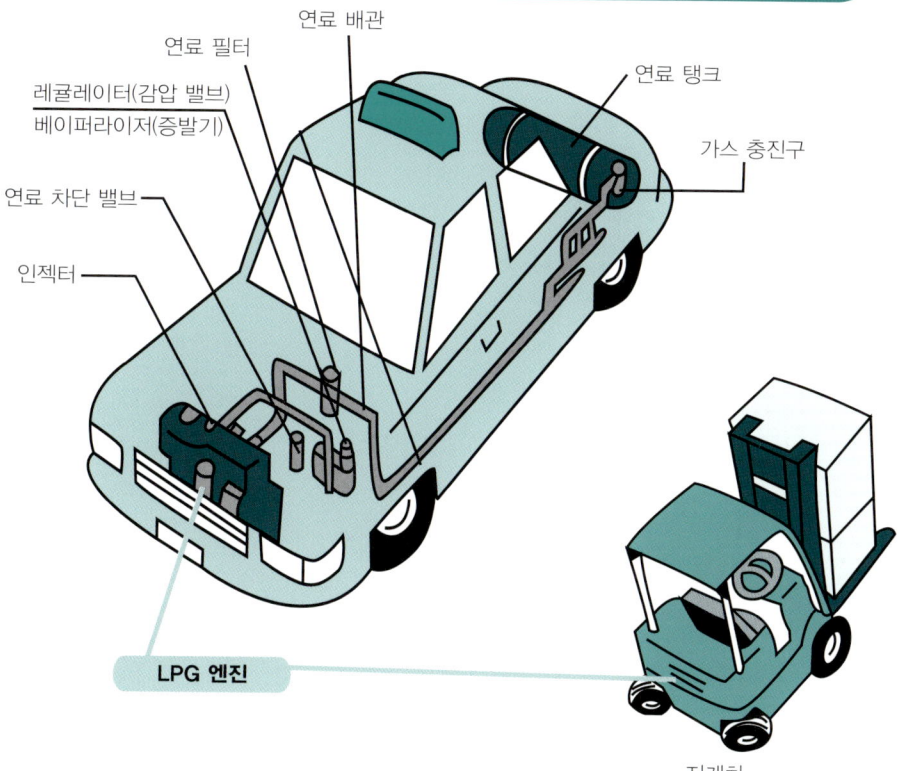

## LPG 엔진의 주된 용도와 LPG 자동차의 구조 예

연료 필터
연료 배관
레귤레이터(감압 밸브)
베이퍼라이저(증발기)
연료 탱크
연료 차단 밸브
가스 충진구
인젝터
LPG 엔진
지게차

## LPG(액화 석유 가스)의 성분과 중요한 성상

| 분자명 | 프로판 | n−부탄 |
|---|---|---|
| 분자식 | $C_3H_8$ | $C_4H_{10}$ |
| 분자량 | 44.0 | 58.1 |
| 분자 구조 | H H H<br>H−C−C−C−H<br>H H H | H H H H<br>H−C−C−C−C−H<br>H H H H |
| 옥탄가 | 130 | 90 |
| | 부탄과 프로판의 혼합 비율이 8 : 2일 때 옥탄가는, 105 | |
| 비점(℃) | −42.1 | −0.5 |
| 엑비중 | 0.51 | 0.58 |

# M85는 가솔린과 메탄올의 혼합 연료

**클린 에틸올로서 재차 주목**

**메탄올**은 1970년대에 두 번에 걸친 석유 파동 이후 가장 먼저 주목받은 "석유 대체 연료"이다. 또한, 1994년에 책정된 신에너지 지침을 계기로 메탄올 자동차 등과 같은 클린 에너지 자동차 보급을 확대하기로 논의되었다. 하지만 메탄올 자동차의 보급은 애초 기대했던 것과는 달리 확대되지 못했다.

메탄올의 재료 가격이 고가인 점과 가솔린 자동차의 기술 혁신이 진행되면서 환경규제에 대한 대응이 가능해진 것이 이유이다. 그런데 최근에 메탄올이 $CO_2$ 배출량 절감 효과가 있는 재생가능 연료로서 다시 주목받고 있다. 메탄올을 음식물이 아닌 나무나 잡초 등과 같은 바이오매스로부터 제조하는 연구가 시작되고 있다. 또한, 연료 전지 자동차의 수소 자원 가운데 하나로도 간주되고 있다.

메탄올의 분자식은 $VCH_3OH$ 로서, 질량의 50%는 산소이기 때문에 연소할 때 그을음(탄소 미립자)을 거의 배출하지 않을 뿐만 아니라 연소 가스 속에 수분이 많기 때문에 NOx 농도를 낮출 수 있다. 메탄올의 옥탄가는 LPG보다 더 높지만 부식성이 있어서 연료 탱크 등과 같은 연료계통의 부품에 대해 부식의 대책이 필요하다.

또한, 기화 잠열이 커서 증기 압력이 낮기 때문에 엔진의 시동 성능을 악화시킨다. 심지어 중량 당 발열량이 가솔린의 반 정도밖에 안 되기 때문에 똑같은 주행거리를 간다고 가정할 경우 약 2배의 연료 탱크가 필요하다는 약점이 있다. 메탄올 엔진에는 흡기관에서 예혼합기를 공급해 불꽃 점화시키는 오토 방식과 실린더 안에서 연료를 분사한 다음 착화장치 등으로 불을 붙이는 디젤 방식 2종류가 있다.

현재 오토 방식의 경우는 엔진 시동 성능 약화를 보완하기 위해 가솔린을 혼합한 M85(메탄올 성분이 85%)를 주로 사용하고 있다. 한편 디젤 방식에 적용할 경우에 메탄올은 세탄가가 3 정도로 낮아서 자기착화가 잘 안 되기 때문에 새롭게 착화 장치나 고압축화 장치 등이 필요하다는 점이 실용화를 방해하고 있다.

❖Tip❖
ㅣ NOx를 낮출 수 있다.
ㅣ 하지만 연료 계통의 부품에 부식 대책이 필요
ㅣ 가솔린과 혼합한 M85를 이용하고 있다.

## 메탄올 제조 방법

**현재**

$$CO + 2H_2 \xrightarrow{\text{ZnO, CuO}} CH_3OH$$

천연가스를 부분적으로 산화시켜 제조한 일산화탄소 CO와 수소를 250℃×100기압으로 반응시킨다. ZnO와 CuO를 촉매로 이용한다.

**미래**

인간의 식재료가 아닌 나무나 잡초 등과 같은 바이오매스로부터 메탄올을 제조하는 연구가 시작되었다.

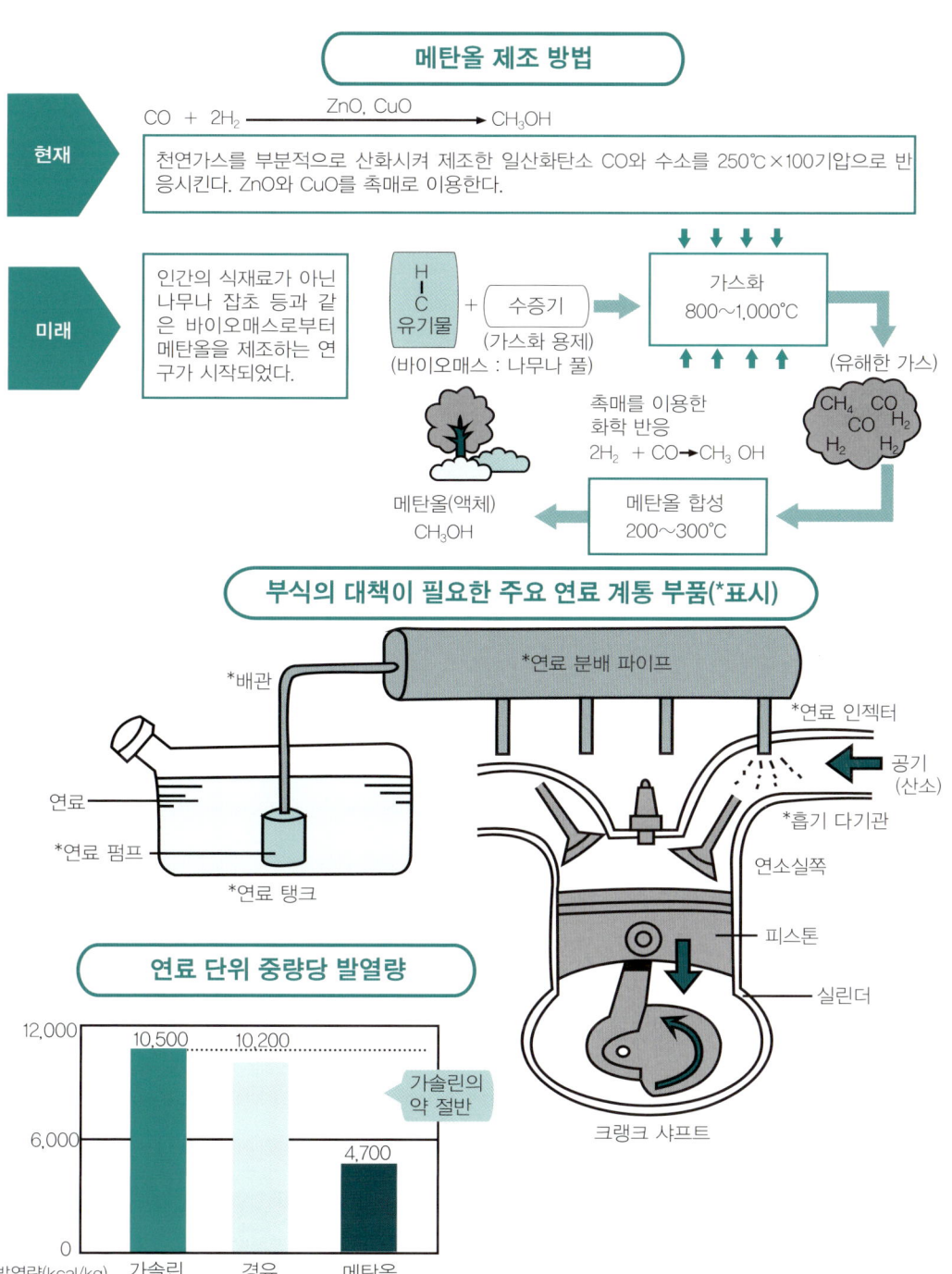

$\begin{matrix} H \\ | \\ C \\ | \end{matrix}$ 유기물 + 수증기 → 가스화 800~1,000℃ → (유해한 가스)

(가스화 용제)

(바이오매스 : 나무나 풀)

$CH_4$ CO CO $H_2$ $H_2$ $H_2$

촉매를 이용한 화학 반응
$2H_2 + CO \rightarrow CH_3OH$

메탄올(액체) $CH_3OH$ ← 메탄올 합성 200~300℃

## 부식의 대책이 필요한 주요 연료 계통 부품(*표시)

*연료 분배 파이프

*배관

*연료 인젝터

공기 (산소)

연료

*흡기 다기관

*연료 펌프

연소실쪽

*연료 탱크

피스톤

실린더

크랭크 샤프트

## 연료 단위 중량당 발열량

12,000

10,500　10,200

가솔린의 약 절반

6,000

4,700

0

발열량(kcal/kg)　가솔린　경유　메탄올

# 08 메탄(천연가스)은 언제까지든 채굴할 수 있다.

기대가 큰 연료 "불타는 얼음" 메탄 하이드레이트

이 항목의 주인공은 **메탄**(앞 항목은 메탄올)이다. **압축 천연가스**(Compressed Natural Gas)란 높은 압력으로 압축한 천연가스를 말한다. 2013년 국내에서는 CNG 택시 146대가 운행되기도 했다. 천연가스란 자연 상태에서 산출되는 탄화수소 가스로 다음 페이지의 상단 그림처럼 지각에 가스 단독으로 존재하는 ① 가스전 가스, 석유와 공존하는 ② 유전 가스가 있다.

천연가스의 구성은 메탄이 주성분이지만 에틸렌과 프로판, 부탄도 미량이나마 함유되어 있으며 산출 장소에 따라 비율이 달라진다. 천연가스는 유황 성분이나 다른 불순물이 들어 있지 않으므로 연소시켜도 SOx나 그을음이 거의 발생하지 않는다.

지구 온난화의 원인 물질 중 하나인 $CO_2$의 배출량도 가솔린보다 약 25%나 적을 뿐만 아니라 광화학 스모그나 산성비의 원인인 NOx의 배출량도 적다. 천연가스는 세계 각지에 풍부하게 매장되어 있다. 2012년 기준으로 매장량은 재래형만 약 187조가 확인되었으며 연간 생산량으로 나눈 채굴 가능 기간은 석유와 거의 비슷한 55년이다.

또한, 지금까지 상업적 생산이 어려운 것으로 여겨졌던 셰일가스 등의 비재래형 가스도 최근 채굴 기술의 발전 덕분에 미국, 유럽, 중국 등에서 본격적으로 채굴되고 있다. 셰일가스란 얇은 토막 형태로 잘 벗겨지는 혈암(Shale)의 미세한 틈에 갇힌 천연가스를 말한다. 2008년에 미국에서는 비재래형 천연가스 생산량이 미국 내 가스 생산량의 50%를 넘고 있다.

한편, 국내에는 독도 주변에서 메탄 하이드레이트(메탄을 중심으로 물 분자가 주위를 둘러싼 형태인 고체 액정으로 '불타는 얼음'으로도 불린다)가 확인된 바 있으며 일본은 2013년에 세계 최초로 '불타는 얼음'의 시험 채굴에 성공했다. 천연가스는 새 가스전이 속속 발견되고 있어 셰일가스 등의 비재래형 가스를 포함하면 회수 가능 기간은 약 250년으로 추정되고 있다.

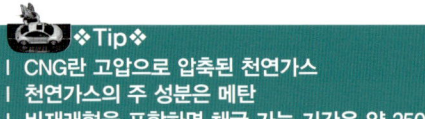

❖Tip❖
I CNG란 고압으로 압축된 천연가스
I 천연가스의 주 성분은 메탄
I 비재래형을 포함하면 채굴 가능 기간은 약 250년

## 천연가스란?

**가스전 가스, 유전 가스(재래형)**

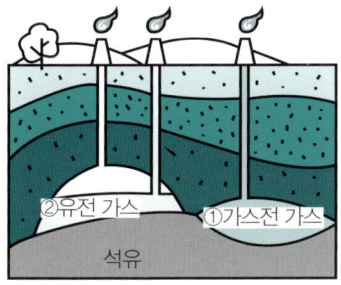

②유전 가스　①가스전 가스
석유

**셰일가스(비재래형)**

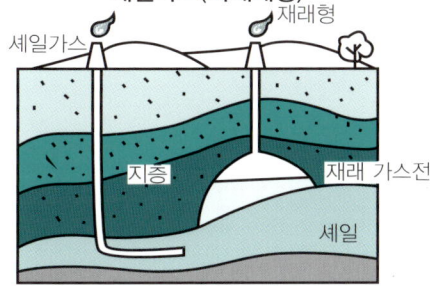

셰일가스　재래형
지층　재래 가스전
셰일

**메탄 하이드레이트(비재래형)**

물 분자
메탄 분자

**산지에 따른 성분 차이(단위 %)**

| 산지 | 메탄$CH_4$ | 에탄$C_2H_6$ | 프로판$C_3H_8$ | 기타 |
|---|---|---|---|---|
| 알래스카 | 99.81 | 0.07 | 0 | 0.12 |
| 브루나이 | 89.83 | 5.89 | 2.92 | 1.36 |
| 아부다비 | 82.07 | 15.86 | 1.86 | 0.21 |

## 천연가스의 특징

연료 자체의 $CO_2$ 배출량(경유를 100으로 함)

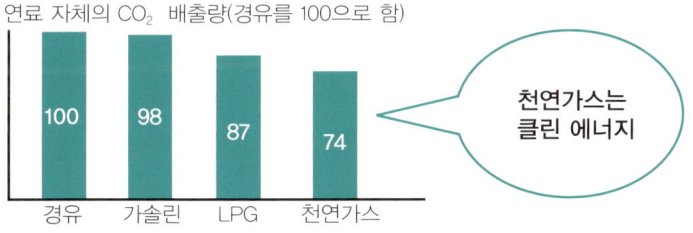

| 경유 | 가솔린 | LPG | 천연가스 |
|---|---|---|---|
| 100 | 98 | 87 | 74 |

천연가스는 클린 에너지

## 천연가스, 석유의 지역별 확인 매장량 구성과 채굴 가능 기간

**천연가스 채굴 가능 기간 약 55년**

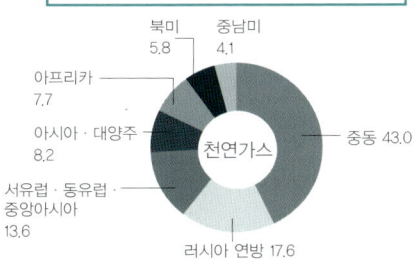

북미 5.8
중남미 4.1
아프리카 7.7
아시아 · 대양주 8.2
서유럽 · 동유럽 · 중앙아시아 13.6
천연가스
중동 43.0
러시아 연방 17.6

**석유 채굴 가능 기간 약 52년**

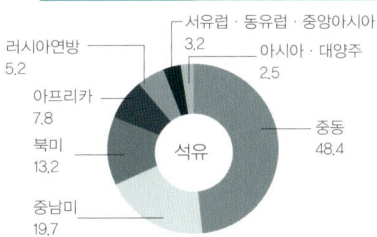

서유럽 · 동유럽 · 중앙아시아 3.2
아시아 · 대양주 2.5
러시아연방 5.2
아프리카 7.8
북미 13.2
중남미 19.7
석유
중동 48.4

# 09 술 성분과 똑같은 에탄올 연료

### 100년 전에 T형 포드에 사용되었던 연료

에탄올은 자동차가 세상에 등장할 당시 **자동차 연료**로 사용되었다. 1909년 발매 이후 1927년까지 기본 모델의 변경 없이 약 1,500만 대가 생산된 포드 모델 T는 연료로 가솔린 외에 옥탄가가 높은 에탄올도 사용했다. 당시 포드는 엔진을 '파워 플랜트(동력 발생 장치)'라고 불렀다고 한다. 대량으로 생산하는 방식으로 자동차 사회를 구축한 헨리 포드는 "에탄올이야말로 미래의 유망한 연료이다!"라고 말하기도 했다.

프랑스에서도 1920년대에는 사탕무로 만든 에탄올을 사용했다. 하지만 그 후 제너럴모터스(GM)의 자회사에 근무하던 토머스 미질리라는 기술자가 테트라에틸납(4-에틸납)을 가솔린에 첨가하면 엔진이 노킹을 일으키지 않는다는 것을 발견했다. 그리고 GM이 석유회사와 공동으로 이 유연 가솔린을 권장하게 되자 에탄올 연료는 무대 한쪽으로 밀려나게 되면서 가솔린 전성시대가 도래한 것이다.

그런데 술이나 맥주의 알코올 성분도 에탄올이다. 에탄올은 위나 소장에서 흡수되어 혈액 속으로 들어가 간장으로 이동한 다음 여기서 알코올 탈수소 효소에 의해 아세트알데히드로 교환된다. 숙취가 다음 날까지 가는 원인은 이 아세트알데히드이다. 더 나아가 이것은 알데히드 탈수소 효소에 의해 무해한 초산으로 바뀌고 최종적으로 이산화탄소와 물로 분해된다.

몸 안에서의 에탄올→아세트알데히드→초산→이산화탄소와 물의 3단계 화학 반응을 일체의 효소 작용 없이 에탄올과 공기(산소)를 고온에서 산화 반응(연소)시켜 열에너지를 얻는 것이 에탄올 엔진의 작동 원리이다. 원유 가격의 급등 및 지구 환경 보호를 배경으로 최근 에탄올이 석유 대체 연료로 다시 주목받고 있다.

❖Tip❖
ㅣ 에탄올은 술의 알코올 성분과 동일
ㅣ 효소의 힘을 빌리지 않고 에탄올을 연소
ㅣ 최근 다시 주목받는 에탄올 연료

## 헨리 포드

헨리 포드(1863~1947년, 미국)는 자동차회사인 포드 모터의 창업자. 컨베이어 생산 방식을 통한 대량 생산 기술을 확립해 미국의 수많은 중산층이 구입할 수 있는 자동차를 개발했다. 칼 벤츠는 '자동차를 만든 아버지', 헨리 포드는 '자동차를 키운 아버지'라고 불린다.

## 포드 모델 T

T형 포드는 컨베이어 생산 방식에 의한 대량 생산 기술 누계 1,500만 대가 생산되었다. 자동차 기술은 처음부터 노동, 경제, 문화, 정치 등 각 방면에 지대한 영향을 미쳤다. 값싼 제품을 대량 생산하면서 노동자 임금을 높게 유지하는 "포디즘"을 상징하는 자동차이다.

## 인체 내에서의 에탄올 분해 반응

① 에탄올 → 아세트알데히드

에탄올

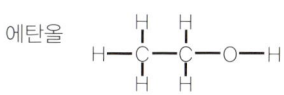

알코올 탈수소 효소

이틀 숙취의 원인 물질

아세트알데히드

② 아세트알데히드 → 초산

아세트알데히드

알데히드 탈수소 효소

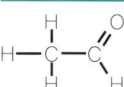 식초

초산

③ 초산 분해

 $+ \ 4 \ (O) \ \rightarrow \ 2CO_2 \ + \ 2H_2O$

## 에탄올의 연소 반응(에탄올 엔진)

$$C_2H_6O \ + \ 3O_2 \ \rightarrow \ 3H_2O \ + \ 2CO_2 \ + \ \boxed{에너지}$$

# 10 이산화탄소를 배출하지 않는(Carbon Neutral) 바이오 에탄올

식용 식물의 알코올 발효로 만들어지다.

현재 세계에서 유통 중인 에탄올의 95%는 **알코올 발효**를 통해 제조되고 있다. 나머지 5%는 공업적으로 천연가스·석유 등과 같은 화석 연료에서 얻은 에틸렌을 물과 반응시켜 유기 합성하고 있는데(다음 페이지의 상단 그림) 이 방법으로 제조된 "합성 에탄올"은 $CO_2$ 절감 면에서 가솔린보다 뒤져 자동차 연료로 사용할 의미가 없다.

**바이오매스 에탄올**(또는 바이오 에탄올)이란 사탕수수나 옥수수 등과 같은 바이오매스(생물에서 유래하는 자원)를 발효시켜 증류로 제조하는 에탄올을 가리킨다. 합성 에탄올이라는 용어는 "발효 에탄올"로, 바이오매스 에탄올이라는 용어는 에너지원으로서 식물의 재생 가능성(종을 심으면 또 나는)을 염두에 두고 사용된다.

식물의 탄소는 모두 공기 중의 $CO_2$를 식물이 광합성을 통해 고정화한 것으로서 자동차 엔진의 연소로 에탄올이 발생시키는 $CO_2$는 대기로 환원될 뿐 새로 증가시키는 것은 아니라고 본다. 바이오매스 에탄올의 원료는 이론상 탄화수소를 포함한 식물 유래 자원이면 무엇이든 된다.

하지만 생산효율 면에서 당질(糖質) 또는 전분질을 많이 포함한 식물 자원이 선호되므로 다음 페이지의 중간 그림에 나타낸 농산물이 현재 원료로 이용되고 있다. 자동차 연료로는 순도 90~95% 이상의 에탄올이 요구된다. 특히 가솔린에 혼합할 경우에는 상(相)분리를 막기 위해 물을 제거해야 하고 순도 99% 이상의 에탄올(물이 없는 에탄올)이 요구된다.

다음 페이지 하단 그림은 옥수수에서 물이 없는 에탄올을 제조하는 방법이다. 가장 먼저 물과 유산(硫酸)을 추가해 전분을 포도당으로 분해한다(糖化). 그다음, 효모(酵母)를 통한 알코올 발효로 저농도 에탄올 용액을 만들고 그것을 농축·증류해 95% 정도의 고농도로 맞춘다. 마지막으로 분자 체(걸러주는 체) 등으로 탈수시켜 물이 없는 에탄올을 얻는다.

❖Tip❖
I 식물은 또 심으면 재생 가능
I 세계시장의 95%는 발효 에탄올
I 바이오매스 에탄올은 $CO_2$를 배출하지 않는다.

## "합성 에탄올" 제조 방법

**① 석유에서 에틸렌을 만든다.**

석유 (나프타) → 에틸렌 공정 → 에틸렌 $C_2H_4$

**② 에틸렌에서 에탄올을 만든다.**

유기 합성법

$$C_2H_4 + H_2O \rightarrow C_2H_5OH$$

에틸렌           에탄올

## "바이오 에탄올"의 원료가 되는 주요 농작물

**당질 원료**
- 사탕수수
- 사탕무

**전분질 원료**
- 옥수수
- 감자
- 고구마
- 수수
- 보리
- 카사바

## "물이 없는 바이오 에탄올" 제조 방법

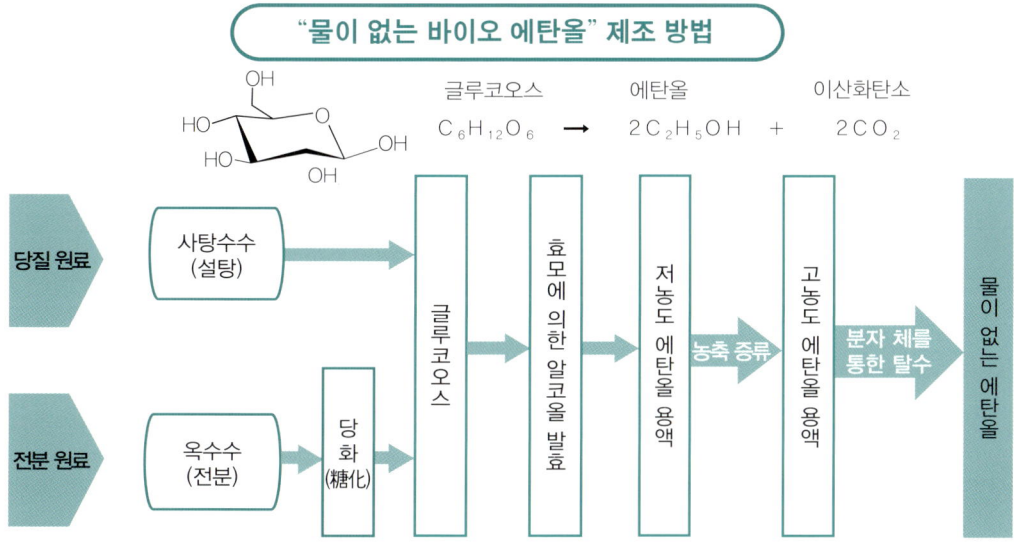

글루코오스 → 에탄올 + 이산화탄소

$$C_6H_{12}O_6 \rightarrow 2C_2H_5OH + 2CO_2$$

당질 원료 → 사탕수수(설탕) → 글루코오스 → 효모에 의한 알코올 발효 → 저농도 에탄올 용액 → 농축 증류 → 고농도 에탄올 용액 → 분자 체를 통한 탈수 → 물이 없는 에탄올

전분 원료 → 옥수수(전분) → 당화(糖化) → 글루코오스

# 셀룰로오스를 원료로 하는 바이오 에탄올

식재료와 경합하지 않는 미래의 연료

앞 항목에서 설명했던 옥수수 등으로 만들어지는 **바이오매스 에탄올**에도 문제가 있다. 원료가 되는 농작물이 식재료이므로 옥수수 등이 부족해 비싸질 우려가 있는 것이다. 그래서 현재 식재료와 경합하지 않는 **폐목재**(다음 페이지 상단 그림) 등을 원료로 하는 바이오 에탄올 연구가 활발히 이루어지고 있다.

바이오매스로부터 셀룰로오스(섬유소)를 분리하고 효소를 사용해 셀룰로오스를 당분으로 분해한 후 미생물(효모)을 통해 에탄올로 교환하는 방법이다. 이 기술이 실용화되면 바이오 에탄올의 공급량과 가격이 크게 개선될 전망이다. 몇 가지 연구 사례를 소개하겠다.

일본의 한 기업(바이오 에틸렌 일본 칸사이주식회사)이 최초로 C6당인 포도당이 중합한 셀룰로오스와 C5당(주로 자일로스)이 중합한 헤미셀룰로오스를 각각 당화(糖化)시켰다. 다음으로 미국 플로리다대학이 개발한 자이모나스 모빌리스에서 유래한 유전자를 집어넣은 태양균 Ko11을 이용해 C5당을 발효시키고 있다. 또한, C6당은 효모를 이용해 발효시키고 있다(다음 페이지 하단 그림).

목재의 나머지 25% 성분인 리그닌(Lignin)은 펠릿으로 만들어 보일러 연료로 사용한다. 일본 아키다현에서는 2009년에 열수처리를 통해 볏짚을 당화시키는 실험 플랜트를 건축하기도 했다. 분쇄처리한 짚을 1단계 장치에서 유기산과 함께 200℃에서 3분 동안 처리해 헤미셀룰로오스를 당화해 C5발효시킨 다음, 2단계 장치에서 200℃에서 10초 동안 처리함으로써 셀룰로오스를 당화해 C6발효시킨다.

이화학연구소는 2010년에 "흰개미 장(腸) 안에 있는 셀룰로오스를 당질 성분으로 분해하는 효소 셀룰라아제를 모아 취득한 다음, 그 게놈(유전자 정보)을 조사함으로써 장 내에서 이루어지는 고효율 당화(糖化) 시스템을 밝혀냈다"라고 발표한 바 있다. 또한, 모 자동차회사는 열대지방이 원산지인 비식용 식물 펜니세툼 푸르푸레움을 원료로 유전자 조작 기술을 이용한 효모로 당분의 83%를 에탄올로 교환하는 연구를 진행 중에 있다.

**❖Tip❖**

I 비식재료를 원료로 하는 바이오 에탄올이 유망
I 발효가 곤란한 셀룰로오스를 얼마나 발효시키는가가 핵심 기술

## 목질 바이오매스의 성분

**리그닌**
식물의 도관·섬유 등 세포벽 사이에 축적되는 고분자. 복잡한 3차원 그물코 구조를 형성하고 있다

**셀룰로오스** $[C_6H_7O_2(OH)_3]_n$
식물 세포벽의 주 성분

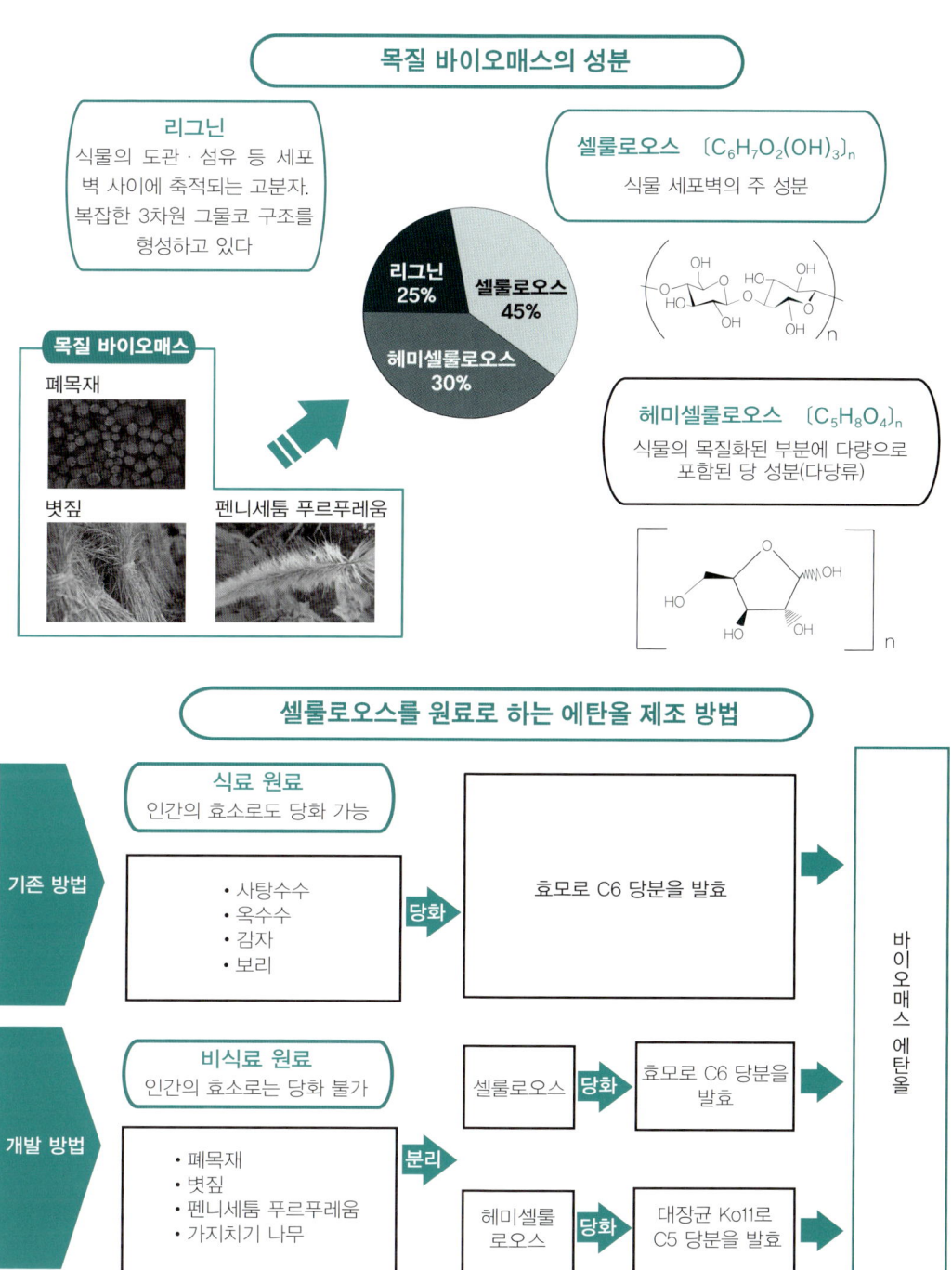

리그닌 25%
셀룰로오스 45%
헤미셀룰로오스 30%

**목질 바이오매스**
폐목재
볏짚
펜니세툼 푸르푸레움

**헤미셀룰로오스** $[C_5H_8O_4]_n$
식물의 목질화된 부분에 다량으로 포함된 당 성분(다당류)

## 셀룰로오스를 원료로 하는 에탄올 제조 방법

**기존 방법**

**식료 원료**
인간의 효소로도 당화 가능
- 사탕수수
- 옥수수
- 감자
- 보리

당화 → 효모로 C6 당분을 발효 →

**개발 방법**

**비식료 원료**
인간의 효소로는 당화 불가
- 폐목재
- 볏짚
- 펜니세툼 푸르푸레움
- 가지치기 나무

분리 →

셀룰로오스 → 당화 → 효모로 C6 당분을 발효 →

헤미셀룰로오스 → 당화 → 대장균 Ko11로 C5 당분을 발효 →

바이오매스 에탄올

# 물 희석은 엄격히 금지, 오직 에탄올과 가솔린으로만!

**혼합 연료로서 바이오 에탄올이 주의할 점**

바이오 에탄올을 자동차 연료로 이용할 때 에탄올만 사용하거나 가솔린과 혼합해 사용할 수도 있다. 일반적으로 **가솔린**과 섞어 사용한다. 그때 에탄올 혼합 비율에 따라 이름이 정해지는데 예를 들어 E10은 에탄올이 용적비 상 10% 포함된 혼합 연료라는 의미이다.

또한, 에탄올 혼합 연료는 아니지만 바이오 에탄올에서 만들어진 에틸 테서리부틸에텔(ETBE)이라는 옥탄가 향상제를 가솔린에 혼합한 것도 넓은 의미에서 바이오 에탄올을 연료로 이용한 사례로 간주된다(상단 그림 우측).

바이오 에탄올을 연료로 사용하는 엔진은 순수한 가솔린을 연료로 하는 엔진과 구조적으로는 동일하다. 특히 에탄올을 저농도로 혼합한 연료의 경우, 가솔린만 연료로 사용하는 것을 전제로 만들어진 엔진에서 연소시켜도 문제가 발생하지 않는다고 알려져 있다. 예를 들어 현재 미국에서 주행 중인 가솔린 엔진 자동차에 E10까지는 사용할 수 있게 되어 있다.

현재 브라질에서 판매되고 있는 표준적 자동차용 에탄올 가솔린 혼합 연료는 E20이다. 반면, 일본에서는 상한이 E3이라는 정부 규제가 있다. 유럽에서는 상한 규제가 E3~5인 곳이 많다. 에탄올 혼합 비율이 높아지면 엔진 압축비나 연소 점화시스템을 변경할 필요가 있다. 에틸렌은 가솔린보다 옥탄가가 높은 반면, 단위 중량당 발열량이 약 40% 적기 때문이다. 또한, 메탄올과 똑같이 필수적으로 부식의 대책이 필요하다.

에탄올과 가솔린을 혼합한 연료에 수분이 들어가면 에탄올은 상용성(相溶性)이 나쁜 가솔린과 분리되어 물에 녹으면서 탱크 바닥에 고여 엔진 트러블을 일으키므로 물이 들어가지 않도록 엄격히 관리해야 한다.

다음 페이지 하단 그림은 E10인 혼합 연료에 물이 들어갔을 때 자동차 연료 탱크 내의 층 분리(層 分離) 모습이다.

**❖Tip❖**
┃ 에탄올과 가솔린의 혼합 연료가 주류
┃ 에탄올 혼합 비율 상한은 국가마다 다르다.
┃ 혼합 연료에 수분이 들어가는 것은 금물

## 바이오 에탄올과 가솔린의 혼합 연료

바이오 에탄올　　　　　가솔린

| | | |
|---|---|---|
| 브라질 | 20% | |
| 미국 | 10% | |
| 유럽 | 3~5% | |
| 일본 | 3% | |

0　　　　　　20　　　　　　40

에탄올 비율(%)

## 바이오 ETBE란

이소부틸렌　　바이오 에탄올
$C_4H_8$　　　　$C_2H_5OH$

바이오 ETBE
$C_4H_9OC_2H_5$

## 혼합 연료에 물이 들어갔을 때의 자동차 탱크 내의 층 분리 모습

E10 연료의 에탄올과 가솔린 ○　　　　　　E10 연료의 물 혼합 ✕

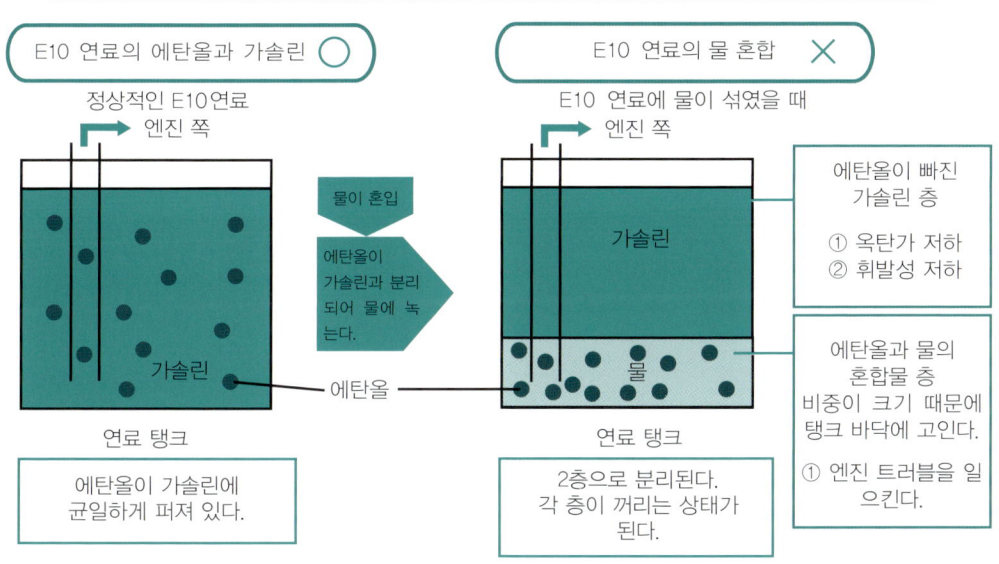

정상적인 E10연료
엔진 쪽

물이 혼입

에탄올이 가솔린과 분리되어 물에 녹는다.

가솔린

연료 탱크

에탄올

에탄올이 가솔린에 균일하게 퍼져 있다.

E10 연료에 물이 섞였을 때
엔진 쪽

가솔린

물

연료 탱크

2층으로 분리된다.
각 층이 꺼리는 상태가 된다.

에탄올이 빠진 가솔린 층

① 옥탄가 저하
② 휘발성 저하

에탄올과 물의 혼합물 층 비중이 크기 때문에 탱크 바닥에 고인다.

① 엔진 트러블을 일으킨다.

# 13 효모에 감사! 왜 알코올을 발효시키는가

**미생물이 살기 위한 필사적 생명 활동**

제1장을 정리하는 측면에서 알코올 발효에 대해 조금 더 살펴보겠다. 알코올 발효란 효모(미생물)가 포도당 등의 당분을 먹고 그것을 분해함으로써 에너지를 얻는 생명 활동에서 필수적인 신진대사 과정이다(1번 식). 인간도 마찬가지지만 효모도 생물이므로 살아가기 위해서는 에너지가 필요하다.

인간은 음식물로부터 얻은 포도당을 호흡으로 얻은 산소를 통해 산화(연소)시켜 열에너지를 얻는다(2번 식). 그렇게 얻은 열에너지를 (3)번 식에 기초해 ATP(아데노신삼인산)에 화학 에너지로 보존한다. ATP나 ADP(아데노신이인산)를 만드는 인산 결합은 고에너지 인산 결합으로 불리며 에너지를 많이 보존할 수 있다.

ATP에 저장된 에너지는 우리가 운동할 때 1개의 인산 결합을 잘라내 ADP가 되면서 (4)번 식에 기초해 31kJ의 에너지를 방출한다. 우리 몸은 이와 같이 화학 에너지를 열에너지로 바꾸어 체온 유지 등의 생명 활동을 하는 것이다.

효모는 포도당을 먹고 그것을 분해해 열에너지를 얻는다. 그 열에너지를 ATP⇌ADP로 순환시키는 기구는 인간과 똑같다. 효모는 살아가기 위해 포도당을 먹고 분해한다. 그 과정에서 배출되는 에탄올을 우리가 자동차 연료나 술로 이용하는 것이다. 그야말로 효모에게 감사하지 않을 수 없는 것이다!!

거의 대부분의 술 종류가 효모를 통한 알코올 발효로 생산되고 있다. 효모(Saccharomyces Cerevisiae)는 포도당이나 설탕은 분해할 수 있지만 전분은 분해(糖化)하지 못 한다. 와인과 브랜디는 포도 과즙에 들어 있는 포도당을 발효시킨다. 맥주는 맥아에 포함되어 있는 효소 아밀라제로 전분을 당화 시키고 국내의 탁주, 약주, 청주는 누룩으로 전분을 당화한 다음 효모로 발효시킨다.

 ❖Tip❖

ㅣ 효모는 포도당을 먹고 에너지를 얻는다.
ㅣ 그때 배출되는 물질이 에탄올
ㅣ 효모는 전분을 분해하지 못 한다.

## 알코올 발효란

효모는 포도당을 흡수해 에탄올과 $CO_2$로 분해함으로써 열에너지를 얻는다.

$$C_6H_{12}O_6 \rightarrow 2C_2H_5OH + 2CO_2 \quad 에너지 - \quad \cdots\cdots (1)$$

인간은 호흡을 통해 들어온 산소로 포도당을 연소시킴으로써 열에너지를 얻는다.

$$C_6H_{12}O_6 + 6O_2 \rightarrow 6H_2O + 6CO_2 \quad 에너지 - \quad \cdots\cdots (2)$$

### 화학 에너지 생체 내에서의 에너지 순환(효모와 인간)

열에너지

(3)번 식에 의거해 열에너지를 획득하여 화학 에너지로서 축적한다.

ATP (아데노신삼인산)

ADP (아데노신이인산)

(4)번 식에 의거해 축적한 화학 에너지를 열에너지로서 소비한다.

열에너지 → 생명 활동

**ADP의 분자 구조**

$H_2N$

흡열 반응 아래에서 위로 (3) 식

$$ATP + H_2O - 30.6kJ$$
$$\uparrow\downarrow$$
$$ADP + H_3PO_4$$

발열 반응 위에서 아래로 (4) 식

**ATP의 분자 구조**

$H_2N$

## 알코올의 발효 방법

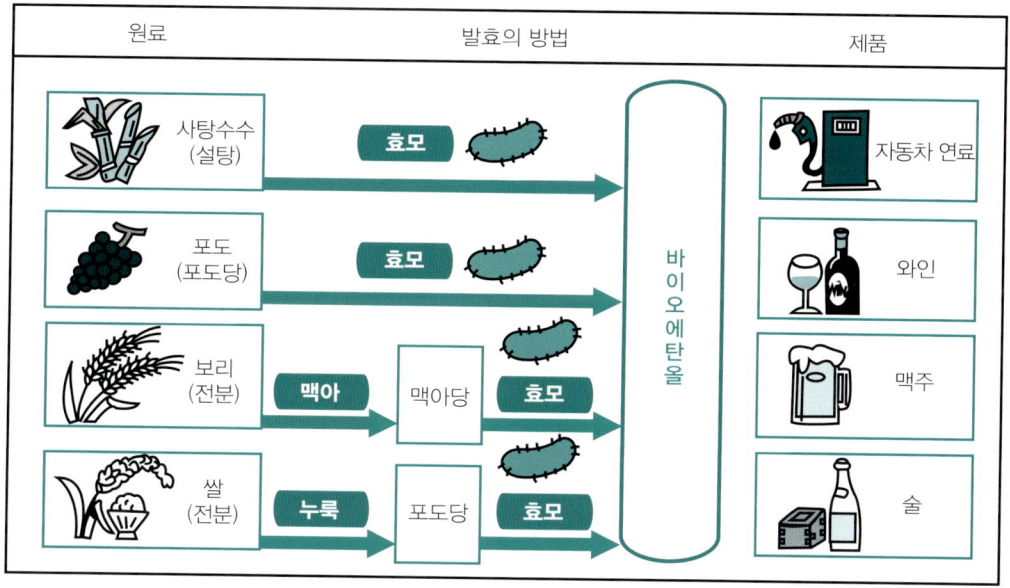

| 원료 | 발효의 방법 | | 제품 |
|---|---|---|---|
| 사탕수수 (설탕) | 효모 | | 자동차 연료 |
| 포도 (포도당) | 효모 | 바이오에탄올 | 와인 |
| 보리 (전분) | 맥아 → 맥아당 → 효모 | | 맥주 |
| 쌀 (전분) | 누룩 → 포도당 → 효모 | | 술 |

# 칼 벤츠, 자동차 탄생의 아버지

　자동차에도 생일이 있다. 1886년 1월 29일이 바로 자동차의 생일로 일컬어진다. 이날은 독일 기술자 칼 벤츠(1884~1929)가 세계 최초로 완성시킨 원동기 내장 3륜차로 당시 독일 정부로부터 특허를 받은 날이다.

　1871년 당시 독일은 몇몇 국가가 프로이센을 중심으로 독일제국으로 통일된 직후로 급속한 근대화가 진행되고 있었다. 18세기 말 영국에서 시작된 산업 혁명이 약 100년의 시간을 거쳐 독일까지 파급되면서 증기기관 도입 등 성과가 결실을 맺기 시작할 무렵이다. 교통수단도 증기 기관차에 이어 새로운 탈 것에 대한 기대가 상당히 높던 시기여서 그 기대에 부응하듯 4사이클 내연기관의 가능성을 찾아내 가솔린 자동차를 발명함으로써 자동차 산업이라는 대규모 기술 혁신의 끈을 당긴 것이 칼 벤츠이다.

　칼의 아버지는 당시 선망받는 직업이던 증기 기관차 기관사였다. 칼도 아버지의 영향을 받아 엔지니어를 목표로 그 지역 칼스루에 공대에 입학해 내연기관을 배운 후, 독립한다. 1878년에 2사이클 엔진을 완성한 후 연구 대상을 자동차까지 넓혔다. 그 후 세계 최초의 실용 4사이클 가솔린 엔진 자동차를 발명하고 아내 베르타와 함께 자동차 제작사 벤츠의 기반을 구축한다.

　기술적 역사에서 가끔 볼 수 있는데 우연히도 동시대 그것도 같은 독일에서 고틀리프 다임러와 빌헬름 마이바흐가 똑같은 발명을 하고 있던 것이었다. 서로 상대방의 존재를 몰랐던 것 같다.

　칼 벤츠는 1879년에 최초의 엔진 관련 특허, 1886년 1월 29일에 최초의 자동차 관련 특허를 취득하는데 이날이 자동차의 생일이 된 것이다.

# 2

## 연비 향상을 지원하는
## 자동차 윤활유의 화학

# 14 윤활유의 가장 큰 적은 유막의 파단(破斷)

### 윤활의 기본은 "유체 윤활"과 "경계 윤활"

유사 이래 인류는 마찰력과 깊은 관계를 맺어왔다. 고대 이집트는 피라미드를 만들면서 매우 큰 돌을 운반하기 위해 굴림대를 이용했으며 심지어 더 잘 미끄러지도록 올리브유를 사용했다고 한다. 인간 생활에서 마찰은 빼놓을 수 없는 현상이지만 자동차 엔진 같은 기계의 입장에서는 별로 고마운 현상이 아니다. 마찰이 크면 에너지를 잃거나 기계 부품이 마모되기 때문이다.

그래서 서로 닿는 면들의 직접적인 접촉을 방지해 마찰을 줄일 목적으로 그 사이에 넣는 것이 윤활유이다. 윤활유를 이용한 윤활은 크게 **"유체 윤활"**과 **"경계 윤활"** 두 가지로 나눌 수 있다. 유체 윤활에서는 두 개의 면이 두꺼운 유막으로 나뉘며 경계 윤활에서는 두 개의 면이 접촉할 듯 말 듯한 상태가 된다. 유체 윤활을 응용한 것이 "미끄럼 축베어링"으로서 자동차 엔진의 크랭크 샤프트 등에 이용되고 있다.

유단(油斷)이란 금속의 표면에 오일의 막(유막)이 끊어진다는 것을 말하는데 유막이 끊어지면 고체끼리 마찰이 생긴다. 그러면서 두 면 사이에 강한 응착(凝着)이 생기고 결국 "눌러 붙는 현상(燒付)"이 발생한다.

마찰 계수가 두 면 사이에 작용하는 하중, 두 면 사이의 상대속도 및 윤활유 점도에 따른 변화 곡선을 "스트리벡 곡선"이라고 한다. 하단 그림에서 보듯이 유체 윤활 영역의 점도는 작은 쪽이 유리하다. 점 A에서 서서히 점도를 낮추어간다. 그러면 곡선을 따라 점 B를 향해 마찰 계수도 서서히 작아진다.

유체 윤활 이론대로만 하면 원점 0에 계속 접근해야 하지만 실제로는 그렇지 않다. 점도를 너무 낮추면 점 B부터 혼합 윤활 영역에 들어가 점 C를 향해 마찰력이 급상승한다. 점도가 너무 작으면 유막이 "파단(破斷)"되면서 고체끼리 접촉을 시작하기 때문이다. 점 C를 넘어서면 경계 윤활 이론에 기초해 윤활유 점도보다 마찰면 재질의 성질과 표면 상태가 지배적 요인으로 작용한다.

❖Tip❖
❙ 면과 면 사이에 윤활유를 넣어 마찰을 줄인다.
❙ 유체 윤활에서는 점도가 작을수록 마찰도 작아진다.
❙ 한도를 넘어서면 유막의 파단이 발생해 마찰이 급증한다.

## 윤활유에 의한 윤활 형태

(1) 유체 윤활

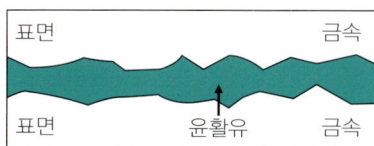

(2) 경계 윤활

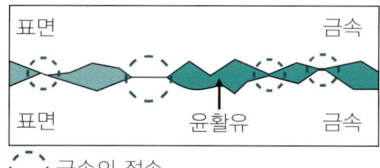

◯ 금속의 접속

(3) 혼합 윤활

유체 윤활과 혼합 윤활이
뒤섞인 형태

자동차 엔진

## 유체 윤활의 예 「미끄럼 축베어링」

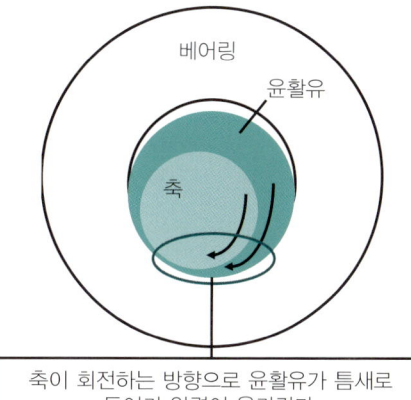

베어링

윤활유

축

축이 회전하는 방향으로 윤활유가 틈새로
들어가 압력이 올라간다.

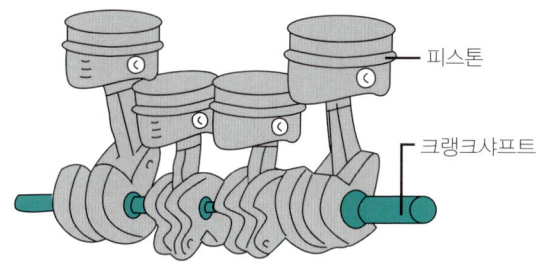

피스톤

크랭크샤프트

## 스트리벡 곡선

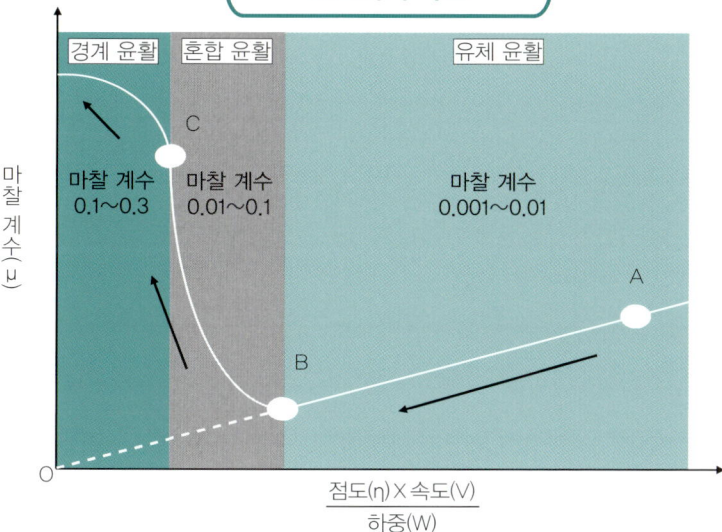

경계 윤활 / 혼합 윤활 / 유체 윤활

마찰 계수
0.1~0.3

마찰 계수
0.01~0.1

마찰 계수
0.001~0.01

마찰 계수($\mu$)

C

A

B

$\dfrac{\text{점도}(\eta) \times \text{속도}(V)}{\text{하중}(W)}$

O

37

# 15 윤활유는 석유 4형제 중 막내

**윤활유도 '어머니 격인 석유'로부터 만들어진다.**

**윤활유**의 베이스 오일은 자동차 연료인 가솔린과 경유 및 LPG와 마찬가지로 석유의 정제 공정에서 만들어지기 때문에(다음 페이지 상단 그림) **광물계 베이스 오일**로 불린다. 하단 그림에서 보듯이 원유를 상압 증류하고 남은 기름을 감압하면서 증류해 아스팔트와 석유 코크스를 분리한다.

구체적으로 살펴보면 먼저 ① 액화 프로판을 이용해 유출유(留出油)로부터 아스팔트 찌꺼기를 제거한다. ② 용제 추출을 통해 방향족 화합물을 없앤다. 이때 용제로는 주로 푸르푸랄을 이용한다. ③ 수소화 처리를 통해 유황, 질소, 산화 화합물 등과 같은 불순물을 제거한다. ④ 마지막으로 메틸에틸케톤과 톨루엔 혼합 용제를 통해 "밀랍 분(分)"(사슬형 포화 탄화수소)을 결정화시켜 제거함으로써 윤활유의 베이스 오일이 정제된다.

윤활유는 저온부터 고온까지 안정적인 액체 상태를 유지시킬 필요가 있으므로 비점은 높고 융점이 낮은 상반된 물적 특성이 요구된다. 또한, 반응성이 높은 불포화 결합 분자는 윤활유로 부적합하며 방향족 화합물은 윤활 성능이 낮아 부적합하다. 한편, 사슬형 포화탄화수소도 안정성은 양호하지만 융점이 높고 고화가 잘 되어 "밀랍 분"이 되므로 윤활유로는 부적합하다.

따라서 분자 구조적으로 부분적 계통의 사슬형 포화 탄화수소나 고리형 파라핀을 가진 사슬형 포화 탄화수소가 최적이다. 그 때문에 하단 중앙 그림에서 보듯이 복잡한 공정을 거쳐야 하는 것이다. 베이스 오일은 윤활유의 성능을 결정하는 데 기본적인 물질로 우수한 윤활유를 만들기 위해서는 잘 정제된 베이스 오일의 선택이 중요하다.

석유 정제 공정에서는 불순물 제거를 위해 윤활유 정제뿐만 아니라 각 공정마다 수소화 처리 과정을 거친다. 그 때문에 다량의 수소가 필요한데 그 수소는 가솔린을 만드는 접촉개질 공정(3항 참조)에서 자급하고 있어 경제적으로 석유 정제 공업을 뒷받침한다. 하단 그림은 수소화 처리에 따른 유황, 질소, 산소 성분 제거 반응식이다.

❖Tip❖
ㅣ 윤활유의 베이스 오일은 석유로부터 만들어진다.
ㅣ 윤활유는 약간 계통화된 사슬형 포화 탄화수소
ㅣ 수소는 석유 정제 공정을 통해 자급자족한다.

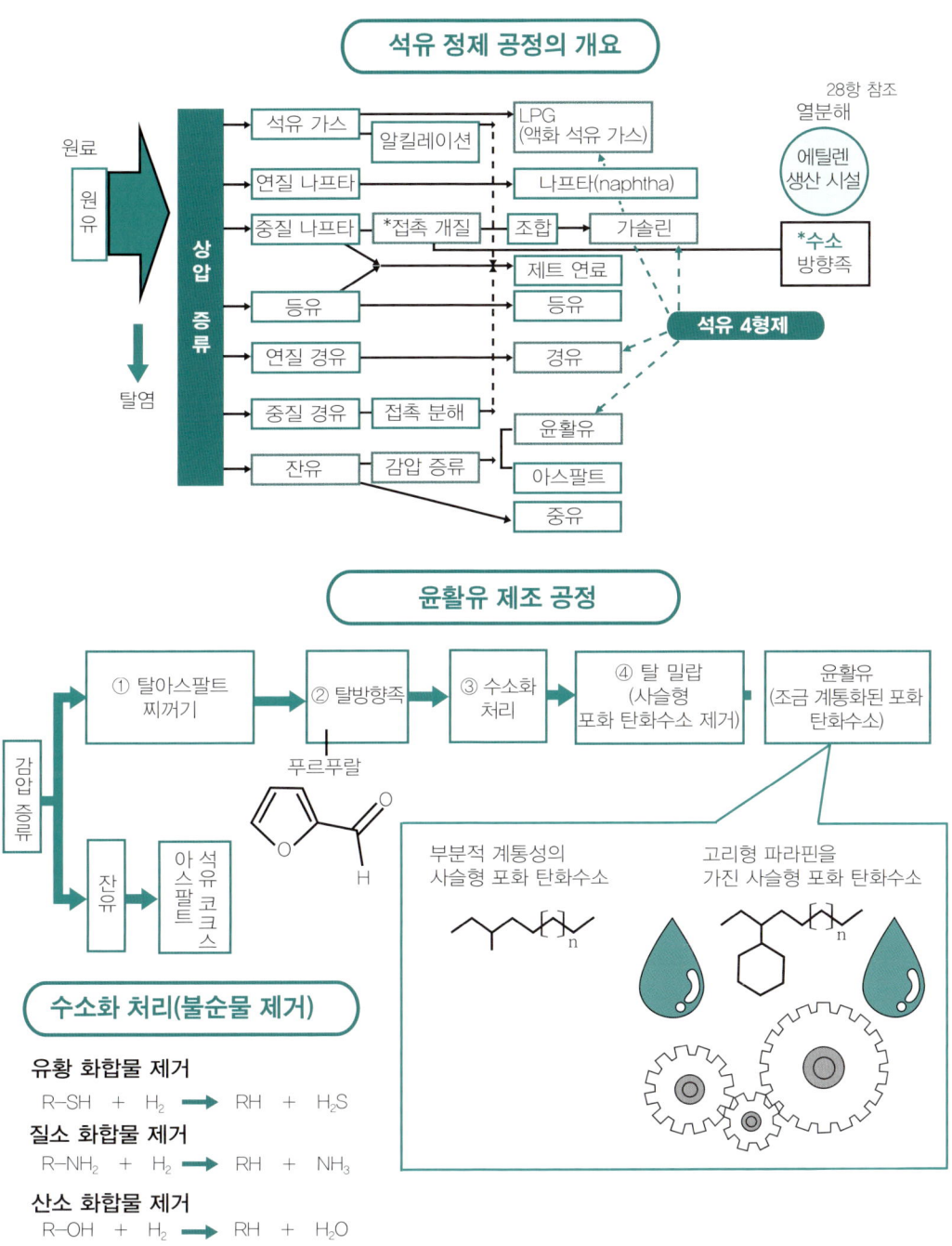

## 석유 정제 공정의 개요

원료 → 원유 → 상압 증류 → 탈염

- 석유 가스 → 알킬레이션 → LPG (액화 석유 가스)
- 연질 나프타 → 나프타(naphtha)
- 중질 나프타 → *접촉 개질 → 조합 → 가솔린
- 등유 → 제트 연료 / 등유
- 연질 경유 → 경유
- 중질 경유 → 접촉 분해
- 잔유 → 감압 증류 → 윤활유 / 아스팔트 / 중유

28항 참조
열분해
에틸렌 생산 시설

*수소 방향족

석유 4형제

## 윤활유 제조 공정

감압 증류

① 탈아스팔트 찌꺼기 → ② 탈방향족 → ③ 수소화 처리 → ④ 탈 밀랍 (사슬형 포화 탄화수소 제거) → 윤활유 (조금 계통화된 포화 탄화수소)

푸르푸랄

잔유 → 아스팔트 / 석유 코크스

부분적 계통성의 사슬형 포화 탄화수소

고리형 파라핀을 가진 사슬형 포화 탄화수소

## 수소화 처리(불순물 제거)

**유황 화합물 제거**

$R–SH + H_2 \rightarrow RH + H_2S$

**질소 화합물 제거**

$R–NH_2 + H_2 \rightarrow RH + NH_3$

**산소 화합물 제거**

$R–OH + H_2 \rightarrow RH + H_2O$

# 16 베이스 오일을 조미료 같이 뿌려 윤활유로!

### 조미료는 산화 방지제, 방청제, 마찰 조정제

윤활유는 사용 목적에 맞추어 베이스 오일과 각종 첨가제를 섞어 조합한다. 자동차에는 엔진 오일이나 ATF(자동변속기 오일)처럼 몇 가지가 있으며 윤활유의 목적에 맞는 첨가제를 배합하고 있다. 엔진 오일을 예로 들어 배합되어 있는 각 **첨가제**의 역할에 대해 살펴보겠다. 엔진 오일은 엔진 하부의 오일 팬에서 펌프로 보내어져 엔진의 각 부분을 윤활하거나 냉각하면서 엔진이 부드럽게 작동되도록 돕는다.

예를 들어 매 분마다 수천 회씩 회전하는 축 베어링이나 고속으로 상하 운동을 하는 피스톤, 밸브, 기어 부분 등이 엔진 오일의 도움을 받는다. 또한, 엔진은 한겨울 아침 시동을 걸거나 한여름 뙤약볕 밑에서 고속 주행 시 사용하는 온도 범위가 매우 넓어 요구되는 성능도 다양하다. 이처럼 폭넓은 조건 하에서 엔진 오일이 성능을 충분히 발휘하도록 다음 첨가제를 배합한다.

· **산화 방지제**(酸化防止劑, antioxidant): 윤활유의 노화 변질을 막고 장기간 안정적인 성능을 유지시킨다. 부식성 물질 생성을 억제해 금속 이온의 산화 작용을 방지한다.

· **청정 분산제**(淸淨分散劑, detergent-dispersant): 고온의 피스톤에서 생성된 검댕이나 슬러지를 오일 속으로 분산시켜 피스톤이나 엔진의 청정을 유지한다.

· **점도지수 향상제**(粘度指數向上劑, viscosity index improver): 온도 변화에 따른 오일의 점도 변화를 작게 해 점도지수를 개선한다.

· **유동점 강하제**(流動點降下劑, pour point depressant): 오일 속의 왁스와 결정을 만들어 유동점을 낮춘다.

· **극압제**(極壓劑, extreme pressure additives): 금속 표면에 피막을 만들어 접촉면(기어, 밸브 부분)의 마찰이나 소부를 예방한다.

· **방청제**(防請劑, rust inhibitor): 금속 표면에 흡착막을 만들어 산소나 물을 차단함으로써 엔진 내부의 녹 발생을 예방한다(다음 페이지 하단 그림).

· **소포제**(消泡劑, antifoaming agent) : 격렬한 교반에 의해 발생한 오일 팬의 오일 표면 기포를 표면 장력 변화를 통해 없앤다.

· **마찰 조정제**(摩擦調整劑, Friction Modifiers): 금속 표면에 보호막을 만들어 엔진 내부의 마찰을 줄임으로써 연비를 향상시킨다.

### ❖Tip❖

| 윤활유는 베이스 오일과 첨가제로 구성된다.
| 복수의 첨가제를 통해 요구되는 성능을 충족시킨다.

## 자동차 엔진 오일에 배합되는 첨가제의 역할과 대표적인 화합물

| 첨가제의 종류 | 역할 | 대표적 화합물 |
|---|---|---|
| 산화 방지제 | 윤활유의 노화 변질을 막고 장기간 안정적인 성능을 유지시킨다. 부식성 물질 생성을 억제해 금속 이온의 산화 작용을 방지한다. | 연쇄 정지제<br>과산화물 분해제<br>금속 불활성제 |
| 청정 분산제 | 고온의 피스톤에서 생성된 검댕이나 슬러지를 오일 속으로 분산시켜 피스톤이나 엔진의 청정을 유지한다. | 석탄산염<br>술폰산염 |
| 점도지수 향상제 | 온도 변화에 따른 오일 점도 변화를 작게 해 점도지수를 개선한다. | 폴리메타크릴레이트<br>올레핀 공중합체 |
| 유동점 강하제 | 오일 속의 왁스와 결정을 만들어 유동점을 낮춘다. | 폴리메타크릴레이트 |
| 극압제 | 금속 표면에 피막을 만들어 접촉면(기어, 밸브 부분)의 마찰이나 소부를 예방한다. | 디티오인산아연<br>알킬설피드 |
| 방청제 | 금속 표면에 흡착막을 만들어 산소나 물을 차단함으로써 엔진 내부의 녹 발생을 예방한다. | 술폰산염<br>카복실산 |
| 소포제 | 격렬한 교반에 의해 발생한 오일 팬의 오일 표면 기포를 표면 장력 변화를 통해 없앤다. | 디메틸폴리실록산<br>폴리아크릴산염 |
| 마찰 조정제 | 금속 표면에 보호막을 만들어 엔진 내부의 마찰을 줄임으로써 연비를 향상시킨다. | 장쇄 지방족 에스테르<br>유기 몰리브덴 화합물 |

## 방청제의 금속 표면 흡착

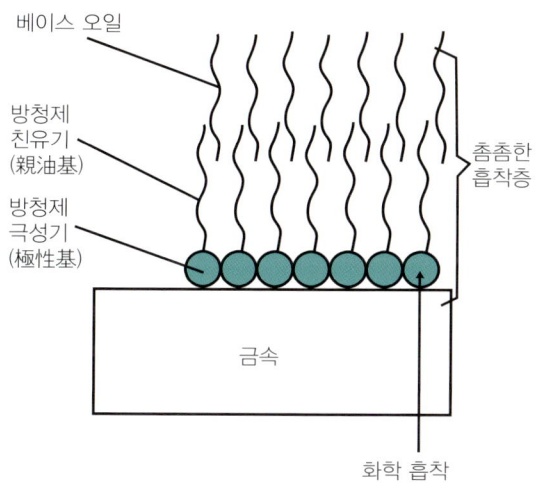

베이스 오일

방청제 친유기(親油基)

방청제 극성기(極性基)

좀좀한 흡착층

금속

화학 흡착

## 방청제의 작용

(1) 방청제가 없는 경우

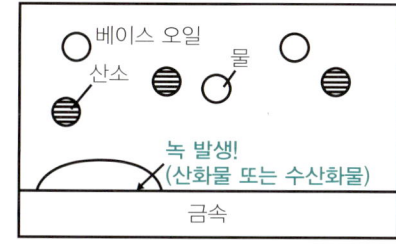

베이스 오일
산소
물
녹 발생!
(산화물 또는 수산화물)
금속

(2) 방청제가 있는 경우

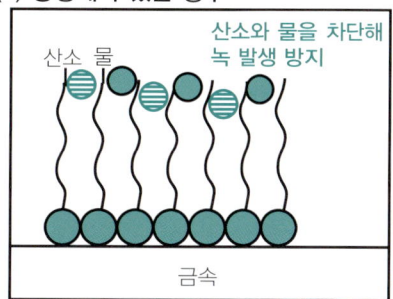

산소와 물을 차단해 녹 발생 방지
산소 물
금속

# 17 심장과 같은 엔진을 지키는 엔진 오일의 역할

인간에 비유하면 "혈액"과 같은 존재

연비 저감, 배출가스 저감에 기여하는 윤활제의 역할은 막중하다고 해도 과언이 아니다. 그중에서도 엔진 오일은 피스톤과 실린더, 밸브 구동계통(밸브 트레인) 등과 같이 주요 부분을 비롯해 엔진의 대부분을 윤활한다.

자동차에서 엔진은 가장 중요한 부품으로 인간에 비유하면 "심장"이다. 혈액이 없으면 심장은 제 기능을 못 하는데 엔진도 혈액과 같은 엔진 오일이 없으면 제 기능을 못 한다. 엔진 오일은 엔진 하부에 장착되어 있는 오일 팬에 저장되어 있다가 오일 펌프에 의해 퍼올려져 엔진의 각 부분으로 보내진다. 엔진 오일은 5가지 역할을 한다(다음 페이지 하단 그림).

① **윤활**: 엔진 내부(실린더 내부)에서는 피스톤을 비롯해 크랭크 샤프트, 캠 샤프트 등이 수백, 수천 rpm으로 고속 회전한다. 그로 인해 생기는 금속끼리의 마찰이나 소착(燒着)을 줄인다.

② **밀봉**: 실린더와 피스톤은 완전히 밀착되어 있지 않고 미세하나마 틈새가 있다. 엔진 오일은 그 틈새로 들어가 실린더를 윤활하고 밀봉한다. 이전 엔진에서는 실린더와 피스톤이 마모되어 이 틈새가 커지면서 연소로 인해 발생한 에너지가 틈새 사이로 없어져 출력 저하의 원인이 되기도 했다.

③ **냉각**: 엔진의 각 부분은 연소나 마찰에 의해 상당한 고온까지 올라간다. 엔진 오일은 이 고온 부분을 냉각시키는 역할도 하므로 엔진의 각 부분을 돌아 열을 흡수한 후 오일 팬으로 되돌아와 냉각되면서 열을 방출한다.

④ **청정**: 엔진 내부는 연소나 회전 운동에 의해 다양한 찌꺼기(슬러지)가 발생한다. 이 찌꺼기는 엔진의 성능과 수명의 저하를 초래한다. 엔진 오일은 이 찌꺼기를 흡착해 분산시킨다.

⑤ **방청**: 엔진 내부는 고온이므로 외부와의 온도 차이로 수분이 발생하기 쉽고 그것이 원인이 되어 녹이 발생할 수 있다. 녹 발생 방지도 중요한 역할 중 하나이다.

❖Tip❖

I 엔진 오일은 인체의 혈액과 같은 존재
I 윤활, 밀봉, 냉각, 청정, 방청 5가지 역할 수행

## 자동차 엔진의 윤활 시스템

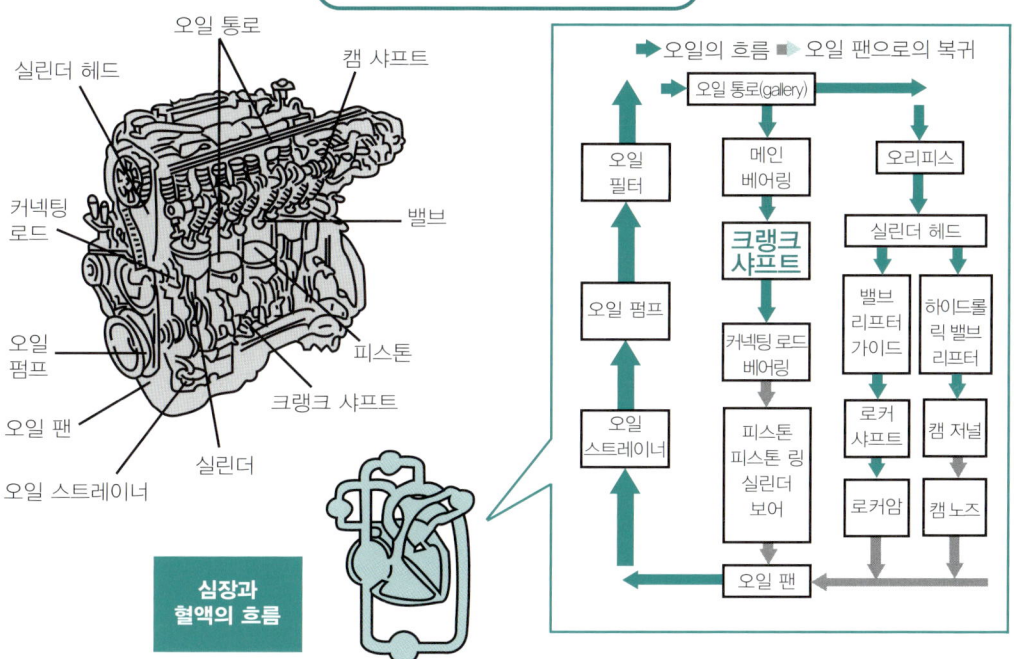

오일 통로
캠 샤프트
실린더 헤드
커넥팅 로드
밸브
오일 펌프
피스톤
오일 팬
크랭크 샤프트
실린더
오일 스트레이너

심장과 혈액의 흐름

➡ 오일의 흐름 ➡ 오일 팬으로의 복귀

오일 통로(gallery)

오일 필터 ← 메인 베어링 → 오리피스

**크랭크 샤프트**

오일 펌프 ← 커넥팅 로드 베어링 · 실린더 헤드

오일 스트레이너 ← 피스톤 · 피스톤 링 · 실린더 보어 · 밸브 리프터 가이드 · 하이드롤릭 밸브 리프터

로커 샤프트 · 캠 저널

로커암 · 캠 노즈

오일 팬

## 엔진 오일의 역할

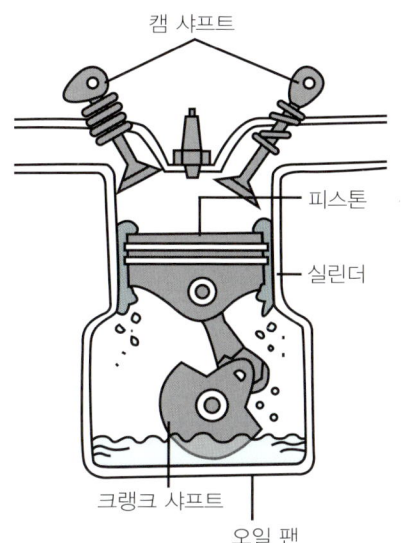

캠 샤프트
피스톤
실린더
크랭크 샤프트
오일 팬

### 윤활

엔진 내부(실린더 내부)에서는 피스톤을 비롯해 크랭크 샤프트, 캠 샤프트 등이 수백, 수천 rpm으로 고속 회전한다. 그로 인해 생기는 금속끼리의 마찰이나 소착을 줄인다.

### 밀봉

실린더와 피스톤은 완전히 밀착되어 있지 않고 미세하나마 틈새가 있다. 엔진 오일은 그 틈새로 들어가 실린더를 윤활, 밀봉한다.

### 냉각

엔진의 각 부분은 연소나 마찰에 의해 상당한 고온까지 올라간다. 엔진 오일은 이 고온 부분을 냉각시킨다.

### 청정

엔진 내부는 연소나 회전 운동에 의해 다양한 찌꺼기(슬러지)가 발생한다. 이 찌꺼기는 엔진의 성능과 수명의 저하를 초래한다. 엔진 오일은 이 찌꺼기를 흡착, 분산시킨다.

### 방청

엔진 내부는 고온이므로 외부와의 온도 차이로 수분이 발생하기 쉽고 그것이 원인이 되어 녹이 발생할 수 있다. 녹 발생 방지도 중요한 역할 중 하나이다.

# 18 자동변속기 오일
### ATF의 가장 큰 역할은 동력 전달

자동차 윤활유의 두 번째 예로 **자동변속기 오일** ATF(Automatic Transmission Fluid)를 살펴보겠다. 역사적으로 자동변속기 AT는 미국에서 많이 사용되어 왔다. 현재 국내는 90% 이상의 승용차에 탑재되어 있다. 한편, 유럽은 아직 연비가 우수한 수동변속기(Manual Transmission)가 주류이다.

이러한 이유로 ATF의 품질 규격은 미국 자동차 제작사인 GM(General Motors)의 DEXRON이나 포드의 MERCON이 이용되어 왔다. 최근 각 자동차회사들마다 자동변속기에 적합한 독자적인 규격을 제정하고 있다.

ATF는 자동변속기 장치 안에 들어 있다가 엔진에서 발생한 동력을 전달해주는 매개체의 기능과 변속 클러치를 적정 수준으로 이어주기 위한 마찰 조정 기능, 각종 기어를 윤활시켜주는 기능, 거기에 짧은 시간 동안 열 노화·산화 노화가 없는 뛰어난 안정성이 요구된다.

그 중 ATF의 가장 중요한 기능은 역시 엔진에서 발생한 동력을 전달하는 것이다. 이런 수많은 기능을 충족시키기 위해 ATF도 엔진 오일과 마찬가지로 베이스 오일에 마찰 조정제, 산화 방지제, 방청제, 청정 분산제, 점도지수 향상제, 소포제 등 수많은 첨가제(16항)가 배합되어 있다.

다음 페이지의 하단 그림은 ATF에 요구되는 기능과 성능을 정리한 것이다. 기어를 변속할 때의 충격은 습식 클러치 부분이 움직일 때 발생한다. ATF에는 마찰 조정제가 들어 있어 기어가 바뀔 때 부드럽게 작동하고 힘을 확실히 전달하도록 해준다. 장기간 사용하면 엔진 오일처럼 노화된다. 고온, 오염, 점도 저하 등으로 인해 노화가 진행되면 마찰 특성에도 큰 영향을 미치게 된다. ATF가 노화되면 변속 충격도 커진다. 레버를 D(Drive)나 R(Reverse) 레인지에 넣을 때 "끄득" 하는 충격이 느껴진다면 노화되었다는 증거이다.

**❖Tip❖**
Ⅰ 역사적으로 AT는 미국에서 많이 사용되어 왔다.
Ⅰ ATF는 동력 전달, 마찰 조정 기능이 중요하다.

## 자동변속기의 개요

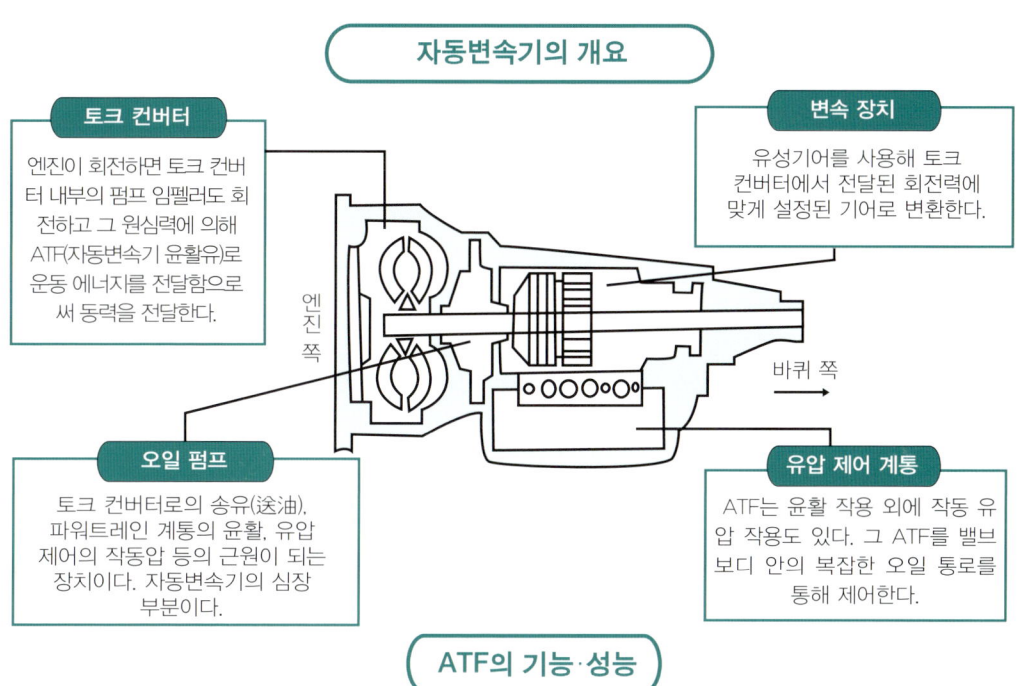

**토크 컨버터**

엔진이 회전하면 토크 컨버터 내부의 펌프 임펠러도 회전하고 그 원심력에 의해 ATF(자동변속기 윤활유)로 운동 에너지를 전달함으로써 동력을 전달한다.

**변속 장치**

유성기어를 사용해 토크 컨버터에서 전달된 회전력에 맞게 설정된 기어로 변환한다.

엔진 쪽

바퀴 쪽 →

**오일 펌프**

토크 컨버터로의 송유(送油), 파워트레인 계통의 윤활, 유압 제어의 작동압 등의 근원이 되는 장치이다. 자동변속기의 심장 부분이다.

**유압 제어 계통**

ATF는 윤활 작용 외에 작동 유압 작용도 있다. 그 ATF를 밸브 보디 안의 복잡한 오일 통로를 통해 제어한다.

## ATF의 기능·성능

### 토크 컨버터의 동력 전달 원리

**유체 클러치의 구조**

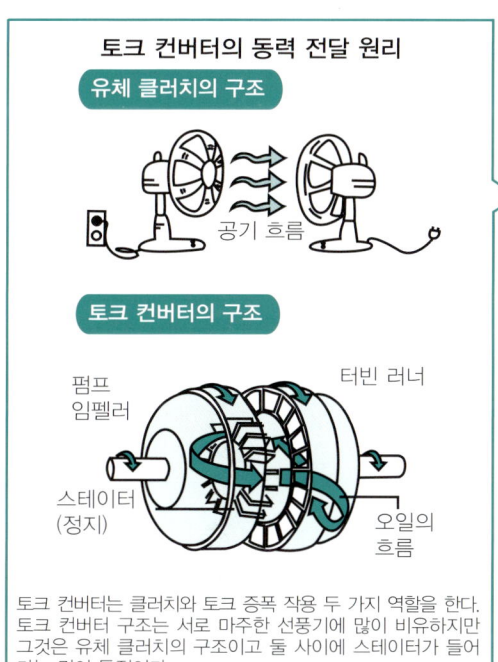

공기 흐름

**토크 컨버터의 구조**

펌프 임펠러

터빈 러너

스테이터 (정지)

오일의 흐름

토크 컨버터는 클러치와 토크 증폭 작용 두 가지 역할을 한다. 토크 컨버터 구조는 서로 마주한 선풍기에 많이 비유하지만 그것은 유체 클러치의 구조이고 둘 사이에 스테이터가 들어가는 것이 특징이다.

| 기능 | 요구 성능 |
|---|---|
| 동력 전달 기능 | · 고온시에도 적정한 점도를 유지할 것.<br>· 저온시의 점도 증가가 적을 것.<br>· 실(seal)재와의 적합이 양호할 것.<br>· 거품이 적을 것. |
| 마찰 조정 기능 | · 습식 클러치에 대해서 적정한 마찰계수가 얻어질 것.<br>· 마찰계수의 변화가 적을 것. |
| 윤활 기능 | · 마찰 방지성이 우수할 것.<br>· 내연성이 우수할 것. |
| 냉각 매개체 기구<br>(마찰에 의한<br>발열 방지) | · 열 안정성, 산화 안정성이 우수할 것.<br>· 비철금속을 부식하지 않을 것. |

# 고틀리프 다임러(Gottlieb Daimler)와 마이바흐(독일어: Maybach)의 2인3각

칼 벤츠와 완전히 동시대에 그것도 불과 약 200km 떨어진 곳에서 독자적으로 자동차를 완성시킨 또 다른 기술자가 있었다. 그의 이름은 고틀리프 다임러(1834~1900년)로 칼 벤츠보다 10살 연상이다. 고틀리프의 아버지는 제빵사였다.

어릴 때부터 기계를 좋아했던 고틀리프는 슈투트가르트 고등학교에 진학한다. 엔지니어가 되고 1875년에 「내연기관의 아버지」로 불리는 아우구스트 오토 밑에서 세계 최초의 4사이클 엔진 운전 실험에 성공한다. 그것을 계기로 연구소를 직접 설립하고 자동차 개발을 시작한다.

그의 인생 파트너인 빌헬름 마이바흐의 꿈은 모든 종류의 탈 것에 장착할 수 있는 소형 내연기관 제작이었다. 1995년에 둘은 이륜차에 장착하는 가솔린 엔진의 특허를 취득한다. 이 이륜차는 세계 최초의 오토바이로 여겨지고 있다. 둘은 1890년에 다임러사를 설립해 1892년부터 자동차 판매를 시작한다. 다임러가 1900년에 사망하자 마이바흐는 1907년에 회사를 그만둔다.

1914년에 발발한 제1차 세계대전은 유럽 전역을 전화로 물들이고 패전국이 된 독일은 경제가 파탄나면서 수많은 기업들이 도산한다. 이런 상황 속에서 자동차업계 선두자리를 다투어온 다임러와 벤츠사는 수입차의 공세에 맞서 1926년(칼 벤츠 생전)에 독일은행을 통해 합병하면서 다임러 벤츠사로 탄생하게 된다.

자동차 브랜드는 "메르세데스 벤츠"로 통일된다. 일반적으로 "메르세데스"는 여성 이름에 많이 사용되었는데 스페인어로는 "신의 가호"라는 뜻이다. 다임러 벤츠사는 1998년에 미국 크라이슬러와 합병했다가 2007년에 분리되면서 사명을 다임러로 변경했다.

3 자동차 엔진 탄생을
뒷받침한 화학의 저력

# 19 여명기 자동차 역사상 최초의 교통사고는?

증기 자동차 → 전기 자동차 → 내연기관 자동차

19세기부터 현재까지 자동차의 역사는 20세기 초 자동차 동력 기관의 몰락에서 살아남은 **내연기관**(가솔린 엔진과 디젤 엔진) 발전의 역사라고 해도 과언이 아니다. 그러나 내연기관 자동차가 태두 하기 전인 자동차 여명기에는 분명히 "증기 기관차" 와 "전기 자동차" 시대가 있었다.

19세기 전반까지 오랜 세기에 걸쳐 육상 교통 기관의 주요 수단은 마차였다. 산업 혁명 당시 증기 기관의 개발과 실용화와 더불어 최초로 등장한 것은 **증기 기관차**였 다. 영국에서 증기 기관의 원리가 발명된지 얼마 안된 1769년 프랑스의 퀴뇨는 대포 를 끌 거대한 증기 삼륜차를 만들었다. 이것이 동력 기관을 탑재한 세계 최초의 자 동차로 일컬어진다.

증기 기관차(1804년)보다 증기 자동차의 역사가 더 오래된 것이다. 1770년 11월에 퀴뇨의 대포용 2호차 시운전이 펼쳐졌지만 조종이 잘 안 되면서 벽에 부딪쳤다고 한 다. 사상 최초의 자동차사고로 기록되는 순간이었다. 영국의 트레비식은 소형 용도 의 보일러를 개발함으로써 증기 기관의 용도를 공장용 거치형에서 이동용 동력원까 지 넓혔다.

그 후 증기 자동차는 골즈워디 거니와 몇몇 기술자에 의해 승합자동차로 실용화 되면서 1820년부터 1830년까지 "말 없는 마차"로 불리며 인기를 누렸다. 하지만 보 일러 폭발 사망사고로 승객을 빼앗긴 마차업계의 압력으로 증기 자동차는 더 이상 발전하지 못한다.

미국에서는 1897년에 스탠리 형제가 소형 경량의 증기 엔진을 장착한 증기 자동 차를 제작한다. 150마력의 증기 2기통 기관을 탑재한 스탠리 스티머는 1900년 당시 미국에 등록된 자동차의 절반을 차지했다. 다음 항부터는 증기 기관의 탄생을 원리 적으로 이끈 화학 발견에 대해 살펴보겠다.

❖Tip❖

Ⅰ 세계 최초의 동력 기관 자동차는 증기 자동차
Ⅰ 증기 자동차는 유럽에서 탄생해 미국에서 발전

## 증기 삼륜차

사고를 일으킨 퀴뇨의 대포용
2호차를 1771년에 복구한 것.
파리 공예 박물관에 전시

프랑스

## 사상 최초의 교통사고

퀴뇨의 대포용 2호차가 회전
할 때 조작 실수로 인한 벽 충
돌사고를 소재로 한 그림

프랑스

## 런던 증기차

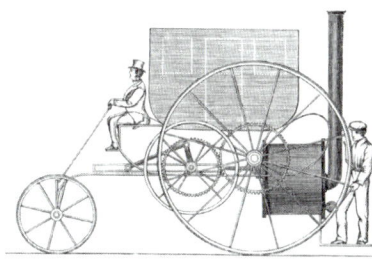

트레비식이 1803년에 런던에서
공개한 "런던 증기차"

영국

## 증기 자동차

스탠리 형제에 의해 소형 경량 증기
엔진을 탑재한 증기 자동차
"스탠리 스티머"

미국

# 20 아리스토텔레스의 4원소설
## 자연은 '진공'을 싫어한다?

고대 그리스 철학자 아리스토텔레스(기원전 384~322)는 4원소설(元素設)을 주창했다. 고대에 아리스토텔레스는 최대의 학문 체계를 수립해 이슬람 세계에는 학문, 중세 유럽에는 스콜라 철학 등 후세 학문에 절대적 영향을 미친 철학자이다.

그의 4원소설은 주로 다음 이론으로 이루어져 있다.

① 지구상 물질은 공기, 불, 흙, 물 4가지 원소로 구성되어 있다. ② 이 4가지 원소는 더 근본적인 4가지 성질, 즉 따뜻함, 차가움, 습함, 건조함이 결합되어 만들어진다. ③ "어느 물질은 그 안에 포함되어 있는 원소의 조합과 그 비율이 결정한다. 원소의 비율을 바꾸면 다른 물질(납→금)로 변화시킬 수 있다."

이 이론은 납이나 주석 등의 비금속을 금이나 은과 같은 귀금속으로 바꾸는 것이 목적인 근대 화학 전반의 역사로 자리매김되는 '연금술'의 이론적 배경이 되었다. 이로 인해 연금술은 전 세계적으로 약 2천 년 동안 계속되면서 유럽의 수많은 지식인들이 근대 과학의 아버지로 칭송받는 뉴튼(1642~1727, 영국)조차 연금술을 믿었던 것이다.

④ "자연은 진공을 싫어하기 때문에 물질은 원자가 아니라 틈새가 없는 연속체로 되어 있다."이 이론은 현대 과학의 기초인 '원자설'과 대립되는 잘못된 학설이다.

아리스토텔레스는 "자연은 진공을 싫어한다"라는 강한 사고를 갖고 진공을 부정했다. 근대 화학의 여명기는 기체 화학의 시대로 토리첼리나 보일 등 근대 화학의 서막을 연 위인들은 아리스토텔레스의 "자연은 진공을 싫어한다"라는 설과 정면으로 대치해왔다. 보일의 법칙은 증기 기관의 기본 이론으로 토리첼리가 진공을 실증했기 때문에 대기압 기관을 발명하고 나아가 증기 기관으로 개량하는 엄연한 역사가 가능했다.

❖Tip❖
ㅣ 아리스토텔레스는 '진공'을 부정했다.
ㅣ 아리스토텔레스의 학설이 계속되었다면 증기 기관은 태어나지 못했다.

## 아리스토텔레스(기원전 384-BC 322년)의 4원소설

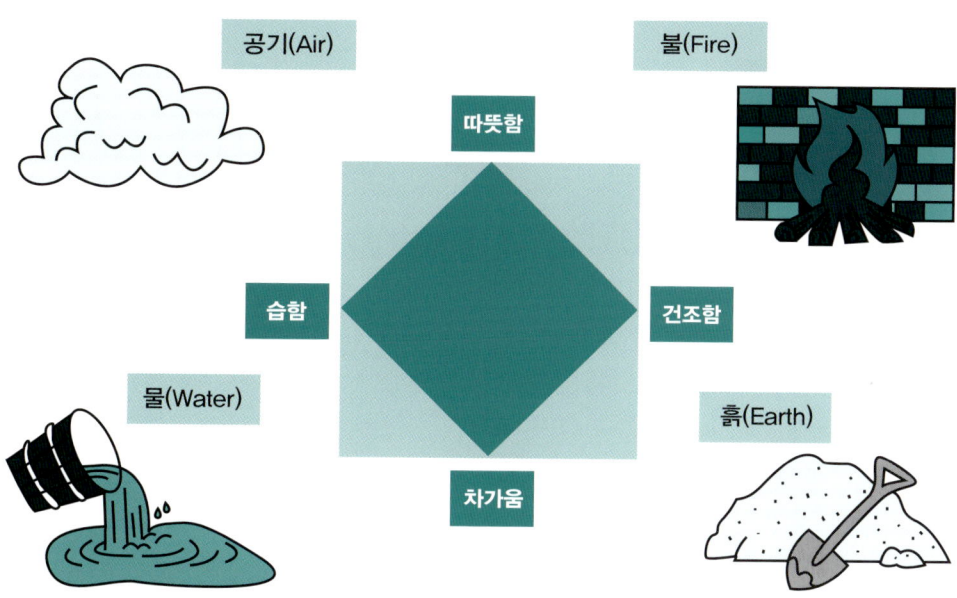

공기(Air)     불(Fire)

따뜻함

습함     건조함

물(Water)     흙(Earth)

차가움

① 지구상 물질은 **공기**, **불**, **흙**, **물** 4가지 원소로 구성되어 있다.

② 원소는 더 근원적인 4가지 성질 **따뜻함**, **차가움**, **습함**, **건조함**이 결합되어 만들어진다.

③ 어느 물질은 그 안에 포함되어 있는 원소의 조합과 비율이 결정한다. 원소의 비율을 바꾸면 다른 물질(납→금)로 변화시킬 수 있다.

④ 자연은 진공을 싫어하기 때문에 물질은 원자가 아니라 틈새가 없는 연속체로 되어 있다.

천체는 제5원소인 "에테르(빛남)"로 만들어져 있다.
에테르는 완전하고 영원하며 부패하지 않는 물질이다.

⑤**지구상의 물질**
    **흙**의 본성⇒낙하한다.
    **불**의 본성⇒상승한다.
⑥**천체의 물질**
    천체는, 상승하는 것도 아니고,낙하하지 않고 지구의 주위를 돌고있다.

# 21 "보일의 법칙" 발견

"증기 기관"의 기본 원리

보일의 법칙은 아리스토텔레스의 자연은 진공을 싫어한다라는 설에 대한 반론으로 1662년에 제창되었다. 보일(1627~1691, 영국)은 "후크의 법칙"으로 유명한 후크(1635~1703, 영국)를 조수로 맞이한 다음 후크가 제작한 진공 펌프를 이용해 다양한 실험을 시도한 끝에 이 발견에 이를 수 있었다.

보일이 공개한 실험 방법과 실험 결과를 살펴보겠다. 그는 굵은 유리관을 J자 모양으로 구부린 다음 짧은 쪽 끝부분을 밀봉했다. 그리고 유리관에 수은을 부었다. 그러면 밀봉된 끝부분에 공기가 갇히면서 공기의 원기둥이 형성된다.

처음에는 양쪽 유리관 속의 수은기둥의 높이를 똑같이 해준다(다음 페이지 상단 그림 좌측). 이어서 수은을 더 넣으면 주입한 쪽의 공기 원기둥의 길이가 점점 짧아지면서 2개의 수은 면의 높이에 차이가 생긴다. 보일은 공기 원기둥의 길이 V와 2개의 수은 면의 높이 차이 Y를 측정했다.

예를 들어 공기 원기둥의 길이 V(체적의 대용치)가 원래 상태의 ½이 되었을 때 긴 쪽 관의 수은은 다른 쪽 수은 기둥보다 약 30인치 높아진 것이다. 이런 식으로 보일은 데이터를 작성했다. 안에 갇힌 압력이 4기압이 될 때까지 실험했다.

P=V(수은 면의 높이 차이)+대기압, V=공기 원기둥의 길이(공기 원기둥 체적의 대용치)로 해 P와 V의 곱셈 결과가 "보일의 실험 결과"의 우측 끝에 기재되어 있다. P+V가 거의 350으로 일정한 값을 나타낸다는 것을 실증한 것이다.

보일은 일생 동안 기체 연구를 계속했다. "실린더 안에 기체를 넣고 마개로 덮는다. 기체가 새지 않도록 마개를 눌러주면 기체 체적은 작아진다. 기체는 누르면 스프링처럼 줄어들고 풀어주면 원래 상태대로 돌아온다"라는 것이 "보일의 법칙"이다.

❖Tip❖

∣ 기체의 압력 P와 체적 V의 곱은 일정
∣ 고압 상태에서 풀어주면 피스톤은 원래 상태대로 돌아온다.
∣ "보일의 법칙"은 증기 기관의 기본 원리

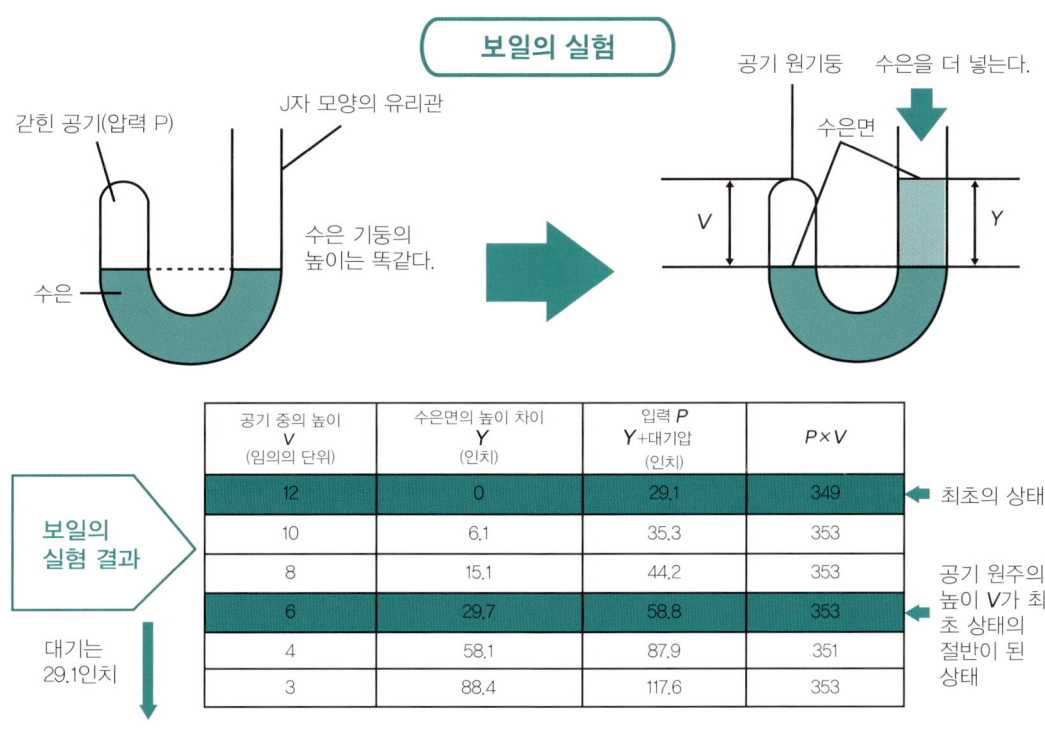

## 보일의 실험

갇힌 공기(압력 P)
J자 모양의 유리관
수은 기둥의 높이는 똑같다.
수은
공기 원기둥
수은을 더 넣는다.
수은면
$V$
$Y$

**보일의 실험 결과**

| 공기 중의 높이 $V$ (임의의 단위) | 수은면의 높이 차이 $Y$ (인치) | 입력 $P$ $Y$+대기압 (인치) | $P \times V$ | |
|---|---|---|---|---|
| 12 | 0 | 29.1 | 349 | ← 최초의 상태 |
| 10 | 6.1 | 35.3 | 353 | |
| 8 | 15.1 | 44.2 | 353 | 공기 원주의 높이 $V$가 최초 상태의 절반이 된 상태 |
| 6 | 29.7 | 58.8 | 353 | ← |
| 4 | 58.1 | 87.9 | 351 | |
| 3 | 88.4 | 117.6 | 353 | |

대기는 29.1인치

## 보일의 법칙

실린더 안에 기체를 넣고 마개로 덮는다. 기체가 새지 않도록 마개를 눌러주면 기체의 체적은 작아진다. 기체는 누르면 스프링처럼 줄어들고 풀어주면 원래 상태대로 돌아오는 것이다. 기체를 누르는 힘을 P, 실린더 안의 기체 체적을 V라고 하면 P와 V의 곱은 항상 일정해진다.

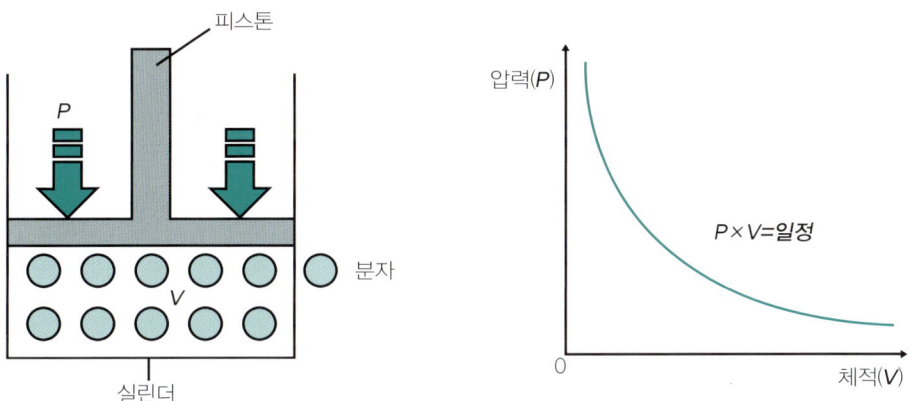

피스톤
$P$
분자
$V$
실린더

압력($P$)
$P \times V$=일정
0
체적($V$)

53

# 22 "마그데부르크"의 공개 실험

말조차 멈추는 대기압의 위력

갈릴레이(1564~1642, 이탈리아)는 "자연은 진공을 싫어한다"라는 아리스토텔레스의 설을 부정했다. 갈릴레이의 제자인 토리첼리(1608~1647, 이탈리아)가 진공의 존재를 눈에 보이는 형태로 증명한 것이 **토리첼리의 진공**이다. 깊이가 10m가 넘는 우물에서 물을 직접 빨아올리지 못하는 현상은 전부터 알려진 사실이지만 그 이유는 명확하지 않았다.

토리첼리는 물 대신 수은을 이용한 실험으로 그 이유를 밝혀냈다. 그는 한쪽 끝이 막힌 약 1m의 유리관을 수은으로 채우고 미리 수은을 채워놓은 용기에 수직으로 유리관을 세웠다. 그랬더니 유리관의 수은이 용기 속의 수은 표면으로부터 약 76cm 높이까지 내려간 후, 곧바로 멈추는 것이었다.

유리관의 위쪽은 수은이 내려가 아무것도 없는 공간인 "진공"이 존재한다는 것을 실증한 것이다. 동시에 대기압과 진공(압력 제로)의 압력 차이가 수은을 약 76cm 높이에서 멈추게 한다는 것도 증명했다. 이 원리가 깊이 10m가 넘는 우물에서 물을 빨아올리지 못하는 이유이다.

진공 펌프는 독일 마그데부르크 시장이던 물리학자 게리케에 의해 발명되었다. 1654년 그의 공개 실험은 "마그데부르크의 반구(半球)"로 유명하다. 게르케는 직경 40cm 구리로 만든 2개의 반구를 밀착시켜 하나의 구(球)로 만든 다음 직접 발명한 진공 펌프로 구 안의 공기를 빼내 진공으로 만든 상태에서 8마리씩 총 16마리의 말들이 서로 반대 방향으로 끌어당기도록 하더라도 2개의 반구가 쉽게 떨어지지 않는다는 사실을 실제로 연출했다.

진공이 생기도록 해 16마리 말의 움직임을 멈출 정도로 대기압이 크다는 사실을 매우 역동적인 방법으로 대중에게 보여준 것이다. '대기압이 큰 힘이 될 수 있다'라는 사실의 발견은 그 후 대기압 기관과 증기압 기관이라는 획기적인 발명을 이끌어냈다.

❖Tip❖

I 진공의 존재를 눈에 보이는 형태로 증명
I 진공을 생기게 함으로써 대기압으로도 큰 힘을 만들어낸다.

## 토리첼리의 진공

(1) 유리관에 수은을 채운다.

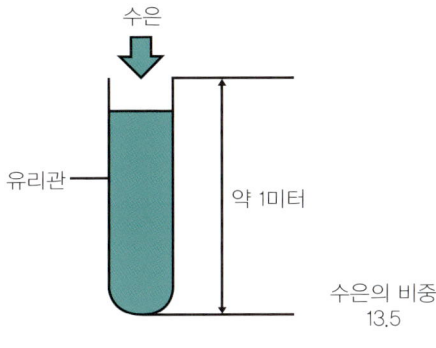

(2) 미리 수은을 채워놓은 용기에 유리관을 거꾸로 세운다.

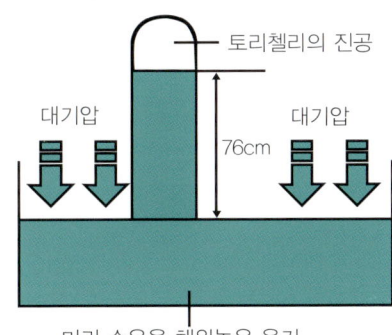

### 원리

• 대기압과 진공의 압력차가 수은을 약 76cm 높이에서 멈추게 하고 있다.
• 오랫동안 불명확했던 "약 10m가 넘는 깊은 우물에서 물을 직접 빨아올리지 못하는 이유"가 명확해졌다.(0.76m×13.5=10.3m)

## 마그데부르크의 공개 실험

(1) 직경 40cm 구리로 된 2개의 반구 제작

(2) 밀착시켜 하나의 구로 만든 다음, 진공 펌프로 안쪽 공기를 빼낸다.

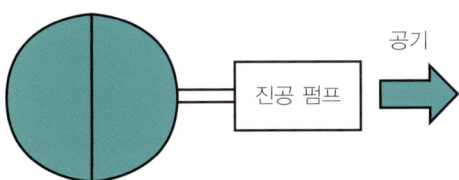

(3) 8마리씩 총 16마리의 말들이 서로 반대 방향으로 당기도록 했지만 2개의 반구는 쉽게 떼어낼 수 없었다.

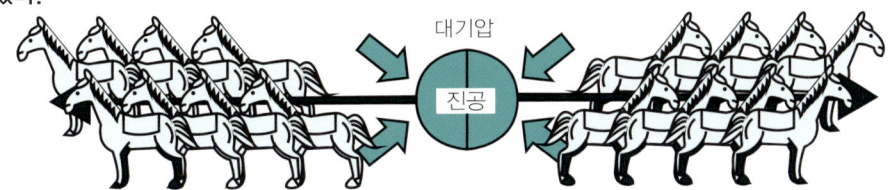

진공을 만들어줌으로써 대기압이 얼마나 큰 힘인지 극적인 방법으로 실증했다.

# 23 진공 연구에서 탄생한 대기압 기관

와트의 증기 기관이 더 나아가 증기 자동차로 발전

게리케의 마그데부르크 공개 실험을 통해 대기압이 얼마나 큰 힘인지 밝혀졌다. 그것을 계기로 **대기압**을 이용해 **동력**을 얻으려는 시도가 시작된다.

프랑스의 파팽(1647~1712)은 실린더 안에서 물을 끓인 다음 용기채로 냉각해 증기를 응축시킴으로써 진공 상태를 만들고 그것으로부터 동력을 얻으려고 했다. 하지만 증기와 더불어 실린더나 그 안의 물 온도까지 떨어져 성공에 이르지 못했다.

영국의 뉴코멘(1663~1729)은 파팽이 실패한 원인을 개선해 다음 페이지 상단 그림에서 보듯이 보일러로 증기를 발생시킨 다음 실린더 안에서 증기를 응축시킴으로써 최초로 실용적인 증기 기관을 만들어냈다. 최초의 이 증기 기관은 증기 압력으로 작동하는 것이 아니라 증기를 응축시켜 진공 상태를 만들고 거기에 대기압을 작용시킴으로써 작동시킨 것이다. 그 때문에 뉴코멘의 기관을 "대기압 기관"이라고도 부른다.

증기를 냉각할 때 뉴코멘의 증기 기관은 실린더 자체를 냉각하기 때문에 효율이 떨어졌다. 그가 죽은 후 태어난 와트(1736~1819, 영국)는 뉴코멘의 증기 기관을 수리하면서 이 결점을 발견했다고 한다. 와트는 실린더를 항상 증기와 같은 온도로 유지하는 방법을 궁리하던 끝에 실린더 밖에 설치한 분리 응축기에 수증기를 끌어들여 냉각시키는 와트의 증기 기관을 1765년에 발명한다. 나아가 부압뿐만 아니라 정압 이용, 왕복동식 운동에서 회전 운동으로 개량해나간다.

고효율의 이 증기 기관의 탄생 덕분에 인류는 최초로 기계를 통해 동력을 확보하게 된다. 이로써 인간의 힘, 가축의 힘, 물의 힘 등 자연 동력에 의존했던 산업 형태가 크게 바뀌면서 영국 산업 혁명의 원동력이 된 것이다. 나아가 세계 최초의 수레 증기 자동차 발명을 이끌어냈다.

❖Tip❖
| 진공 연구를 하면서 탄생한 대기압 기관
| 대기압 기관에서 와트의 증기 기관 탄생
| 나아가 세계 최초의 수레 증기 자동차 탄생

## 뉴코멘의 대기압 기관

| 대기압 기관의 원리 | ⟶ | 뉴코멘의 대기압 기관 |

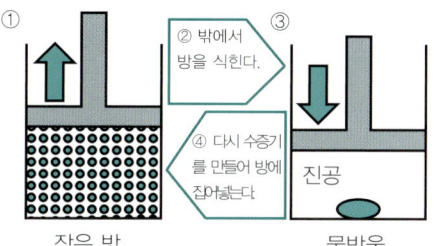

① ② 밖에서 방을 식힌다. ③ ④ 다시 수증기를 만들어 방에 집어넣는다 진공

작은 방　　　　　　물방울

① 물을 끓여 작은 방을 수증기로 채운다.
② 그 방을 밖에서 식힌다.
③ 방 안의 수증기는 응축해 몇 방울의 물이 되고 나머지는 진공 상태가 된다. 만약 방 안의 벽 하나가 움직이도록 되어 있다면 벽은 벽 바깥의 대기압에 의해 벽 안으로 밀려 들어간다.
④ 다시 수증기를 만들어 방에 집어넣으면 안쪽으로 움직이던 벽은 다시 바깥쪽으로 움직인다.
①~④를 반복한다. 움직이는 벽을 피스톤이라고 가정하면 그것이 바로 대기압 기관의 원리이다.

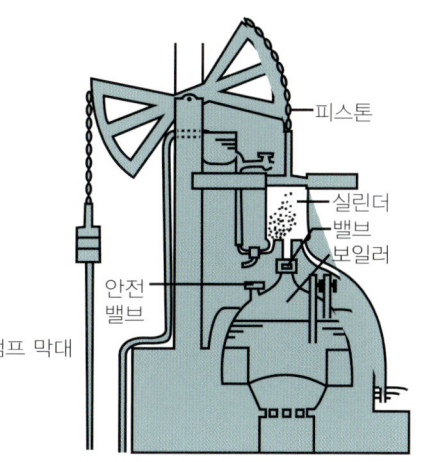

피스톤
실린더
밸브
보일러
안전 밸브
펌프 막대

## 왓트의 증기 기관

| 뉴코멘 증기 기관의 개량한 곳 |

① 항상 같은 온도로 실린더를 유지하기 위해 실린더 외부에 설치한 **분리 응축기**에 수증기를 끌어들여 냉각시킨다.
② 부압+증기압　③ 왕복동식 운동 → 회전 운동

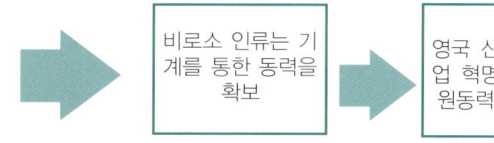

비로소 인류는 기계를 통한 동력을 확보 ⟶ 영국 산업 혁명 원동력

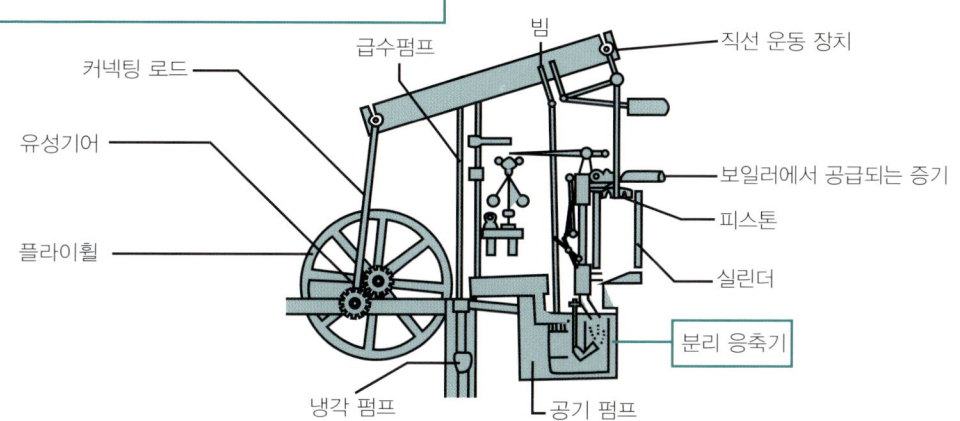

급수펌프　빔　직선 운동 장치
커넥팅 로드
유성기어
플라이휠
냉각 펌프　공기 펌프
보일러에서 공급되는 증기
피스톤
실린더
분리 응축기

# 24 세계 최초의 수레 증기 자동차의 부흥과 쇠퇴

외연기관에서 내연기관으로 패러다임의 전환

1765년에 와트는 **증기 기관**을 발명한다. 그리고 이 동력 기관을 교통수단으로 이용하려는 실험이 시작된다. 증기 기관차(1804년)보다 빠른 1769년에 프랑스의 퀴뇨가 대포를 견인하기 위한 거대한 **증기 삼륜차**를 만들었고 이것이 세계 최초의 자동차로 불린다(19항 참조). 이 증기 자동차는 "Fardier Vapeur(증기 왜건)"으로 불렸는데 매 15분마다 물을 보급해야 하거나 너무 무거워 균형이 흔들리면서 조정이 곤란한 점 등 많은 문제점이 있었다.

1801년 영국의 트레비식은 승객 탑승용 시작 자동차를 최초로 만들었다. 몇 명의 승객을 태우고 도로를 달렸다고 한다. 이 성공은 고압 증기로 피스톤을 움직이는 방식의 고성능 동력원에 엔진이 작아진 덕분이었다(다음 페이지 상단 그림). 그 후 영국의 가니와 몇몇 엔지니어들에 의해 승합 자동차로 실용화되면서 "말 없는 마차"로 불리게 된다. 1827년 무렵부터 단기간 영국 각지를 연결한 정기 운행이 시작되지만 교통수단으로 정착되진 못했다.

그 후 증기 자동차는 미국에서 발전을 거둔다. 증기 자동차로 가장 큰 성공을 거둔 것은 미국 스탠리사이다. 당시 가솔린 기관도 개발 중인 단계여서 무겁고 큰 진동 등의 문제점을 안고 있었다. 외연기관인 증기 자동차는 조용하고 토크가 커 변속기를 사용하지 않고 바퀴를 회전시킬 수 있다는 등의 장점 덕분에 1900년 초 가솔린차보다 많이 판매되었다.

그러나 가솔린 기관의 급속한 발전으로 인해 쇠퇴하면서 1927년에는 제조가 중단된다. 가솔린 기관은 가솔린과 공기로 이루어진 혼합가스를 "실린더 안에서 연소"시켜 동력을 얻는다. 내연기관의 기본은 연소 이론인데 이 이론을 바탕에 깔지 않았다면 가솔린 기관 의 발명은 없었을 것이다. 이런 관점에서 다음 항에서는 화학의 역사를 되돌아보겠다.

❖Tip❖
Ⅰ 증기 자동차는 자동차 여명기의 한 시대에 번성했다.
Ⅰ 외연(증기)기관에서 내연(가솔린)기관으로 변천
Ⅰ 내연기관의 기본은 연소 이론

## 왕복동식 증기 엔진(외연기관)의 작동 원리

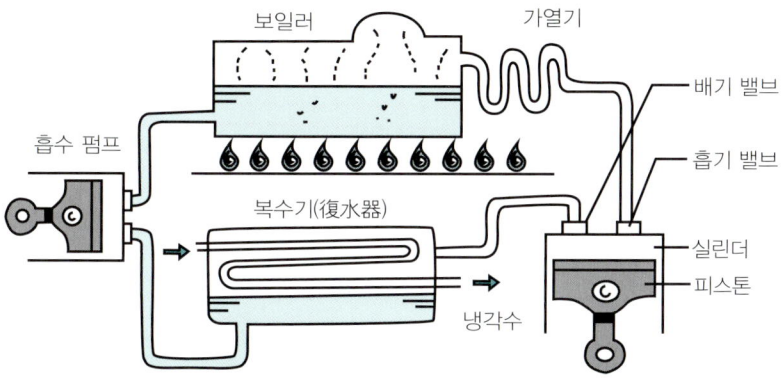

왕복동식 증기 엔진은 인류가 최초로 실용화한 엔진이다. 이 엔진은 증기의 정적 압력을 이용해 유효한 기계에 너지로 만들어낸다. 산업 혁명 이후 오랫동안 산업용·수송용 동력원으로 사용되어 왔지만 현재는 증기 터빈 이나 내연기관으로 대체되면서 거의 사용되지 않고 있다. 일반적인 왕복동식 증기 엔진은 위 그림처럼 보일러 와 가열기, 피스톤, 실린더, 복수기, 흡수 펌프로 구성되어 있다. 실린더 위쪽에는 흡기 밸브와 배기 밸브가 장 착되어 있다.

## 가솔린 엔진(내연기관)의 작동 원리

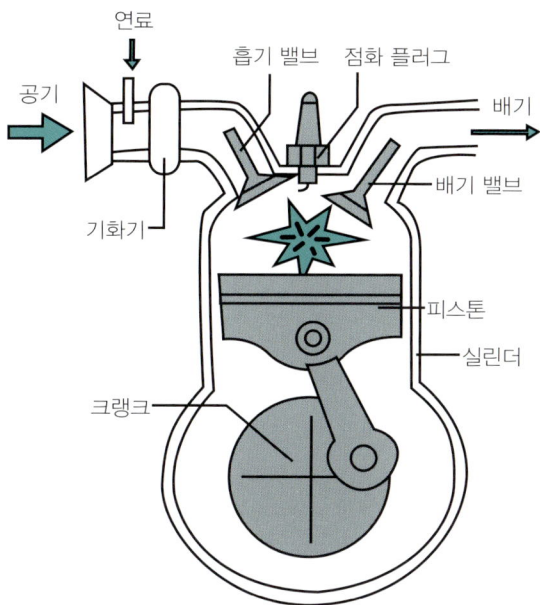

가솔린 엔진(불꽃 점화 엔진)은 자동차 등에 폭넓게 사용되고 있다. 이 엔진은 연료와 공기 로 이루어진 혼합가스를 실린더 안에서 압축 하고 거기에 점화 플러그를 이용해 폭발시킴 으로써 구동력을 만들어낸다.

### 내연기관의 특징

① 실린더 안에서 연료를 연소시킨다.
② 연료 연소로 발생한 고온·고압 가 스를 직접 이용함으로써 피스톤을 움 직인다.

# 25 라부아지에의 "연소 이론" 발견
"내연기관"의 기본 원리

　"플로지스톤(Phlogiston) 설(說)"이란 물질이 **연소**한다는 것은 가연성인 플로지스톤이라는 원소를 **방출**한다는 가설이다. 이 가설은 가연성 물질이 연소할 때 화염과 함께 '뭔가'가 방출되는 것처럼 보여 생겼는데 독일의 베셔가 제창하고 같은 독일인 슈타르가 발전시킨 이론으로 당시 화학자를 포함해 누구나 믿었던 이론이다. 이 설에 따르면 가연성 물질이든 금속이든 연소하면 남은 물질의 질량은 가벼워진다는 것이다(다음 페이지 상단 그림).

　단호히 이 가설에 반대한 인물은 '근대 화학의 아버지'로 일컫는 프랑스의 라부아지에(1743~1794)이다. 라부아지에는 1774년에 '화학 반응 전후로 물질의 질량은 변화하지 않는다'라는 "질량 보존의 법칙"을 발견한다. 이 법칙에 따르면 화학 반응 전후 가연성 물질의 질량은 변화하지 않는다. 즉, 가연성 물질이 연소해 발생한 기체(이산화탄소, 수증기)와 남은 재의 질량 합은 최초 가연성 물질의 질량과 동일하다는 것이다.

　당시는 기체 화학이 극적으로 발전하던 시기로 이산화탄소와 수소, 질소 등은 이미 발견되어 제대로 인식되었지만 산소는 플로지스톤 설의 악영향을 받아 잘못 이해되고 있었다. 그는 닫힌 레토르트(화학 실험용 기구) 안에서 주석 등의 금속을 가열해 산화시킨 후의 질량의 변화를 측정해 연소 후 질량이 늘어난 실험 결과를 얻었다(다음 페이지 하단 그림).

　이 결과로 인해 연소는 플로지스톤이 탈출하는 변화가 아니라 공기 속의 특정 성분과 결합하는 것이라는 이론을 유도해냄으로써 오랫동안 화학자들을 고민시킨 플로지스톤 설의 타도에 성공한 것이다.

　라부아지에는 연소는 "가연성 물질과 공기 속의 동물 호흡에 적합한 기체와의 결합"으로 정의하고 이 기체를 "산(酸)의 소(素)"가 되는 원소라고 생각해 "산소"라고 이름 지었다. 내연기관에서 연소의 정확한 의미를 알았던 것이다.

**❖Tip❖**
I 라부아지에의 연소 이론은 내연기관의 기본 원리
I 연소란 가연성 물질이 산소와 결합하는 것
I 플로지스톤 설에서는 가솔린 기관이 탄생하지 못한다.

## 플로지스톤 설이란

**(1) 가연성 물질(플로지스톤의 함유량이 많다.)**

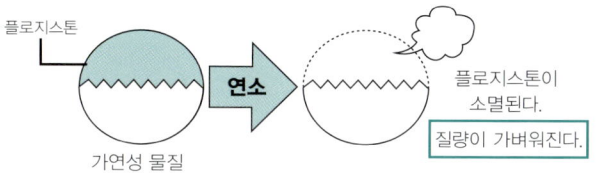

플로지스톤

연소

가연성 물질

플로지스톤이 소멸된다.

질량이 가벼워진다.

가연성 물질이 연소할 때 화염과 함께 '뭔가'가 방출되는 것처럼 보인다.
이 현상에서 연소란 물질에서 플로지스톤이 없어지는 것이라는 가설이 생긴다.
슈타르가 발전시킨 이론.

**(2) 금속 물질(플로지스톤의 함유량이 적다.)**

① 연소 할때

플로지스톤

연소

금속

금속 산화물

플로지스톤이 없어진다.

질량이 가벼워진다.

② 환원 할때

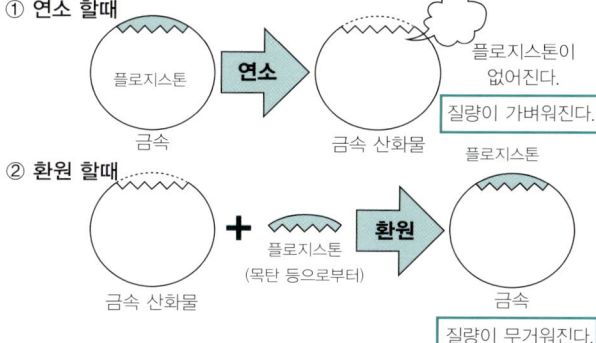

금속 산화물

＋

플로지스톤
(목탄 등으로부터)

환원

플로지스톤

금속

질량이 무거워진다.

당시 사람들은
누구나 믿고 있었다.

## 라부아지에 "연소 이론"의 발견(1774년) ~ "플로지스톤 설"을 타도

"플로지스톤 설"은, 목탄 등 가연성 물질에서는 "질량 보존측"과 모순되지 않지만, 금속에서는 모순이 생겼다. 그래서 다음 실험을 하며, 바른 연소 이론을 도출했다.

**(1) 실험 방법**

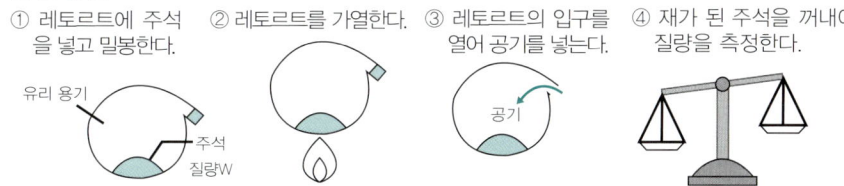

① 레토르트에 주석을 넣고 밀봉한다.

② 레토르트를 가열한다.

③ 레토르트의 입구를 열어 공기를 넣는다.

④ 재가 된 주석을 꺼내어 질량을 측정한다.

유리 용기

주석
질량W

공기

**(2) 실험 결과**

반응 후 재가 된 주석의 질량은 W+a로 a만큼 증가해 있다.

**(3) 결론**

질량이 감소한다는 플로지스톤 설은 잘못이다.
연소란 물질이 공기 중의 "동물의 호흡에 적합하다". 기체와 결합하는 것이다.

*라부아지에는 이 기체를 **산의 소**가 되는 원소라고 생각해 그리스어의 oxys(산미가 나는)와 gennao(생기다)에서 따온 oxygen **산소**로 이름지었다.

# 26 처음에는 2행정 사이클 가스 엔진으로 시작되었다.

내연기관의 탄생

내연기관이란 가솔린 등과 같은 연료를 실린더 안에서 연소시키고 그 열에너지를 통해 일하는 원동기인데 연소 기체를 직접 작동 유체로 삼아 이용한다. 열에너지란 기체 분자의 운동 에너지이다.

최초의 실용적인 내연기관은 1859년에 프랑스의 에티엔느 르느와르에 의해 개발 되었다. 전기 방식의 점화 장치를 갖춘 단기통식 2행정 사이클 엔진이며 연료는 석탄 베이스의 조명용 가스를 이용했다. 이 발명의 토대가 된 기술은 프랑스의 라부아 지에가 연소 이론을 발견한 지 27년 후인 1801년에 같은 프랑스의 필립 르봉이 특허를 취득한 가스 엔진 기술이다.

르느와르의 가스 엔진은 훗날 4행정 사이클 엔진과 같은 압축 공정이 없기 때문에 열효율이 매우 나빴던 것 같다. 하지만 이 가스 엔진은 당시까지 엔진과 비교해 완성도가 상당히 뛰어났을 뿐만 아니라 연료인 조명용 가스는 도시에서 조달이 편리하다는 이유 때문에 복수의 기업에서 총 400대 이상이 생산되었다. 2행정 사이클 가솔린 엔진은 1878년에 영국 듀카르드 클라크가 개발해 1881년에 영국 특허를 취득했다.

현재 많이 알려진 형태의 단순한 2행정 사이클 가솔린 엔진은 1889년에 영국의 조세프 데이가 발명한 것이다. 효율을 희생시키면서도 4행정 사이클 엔진에서 이루어지는 각 공정을 단순화시킴으로써 구현한 것이다. 1970년대까지 유럽 소형차나 경자동차를 중심으로 많이 존재했지만 배출가스 규제 강화를 계기로 대폭 감소하면서 현재는 2행정 사이클 엔진을 탑재한 사륜차는 제조되지 않고 있다. 2륜차도 환경문제 때문에 4행정 사이클 엔진으로 바뀌면서 2행정 사이클 엔진을 탑재한 차는 모두 없어졌다.

❖Tip❖
l 최초의 내연기관은 2행정 사이클 엔진
l '화학의 아버지' 라부아지에와 마찬가지로 프랑스인이 발명
l 환경규제에 대응하지 못하고 소멸

## 2행정 사이클 엔진의 작동 원리

### (1) 상승 행정

폭발 후 피스톤이 하강하면서 크랭크 케이스 안을 압박하면 그곳에 있던 혼합기가 가압된다. 그러면 혼합기는 밀려나는 형태로 포트에서 연소실로 유출된다.

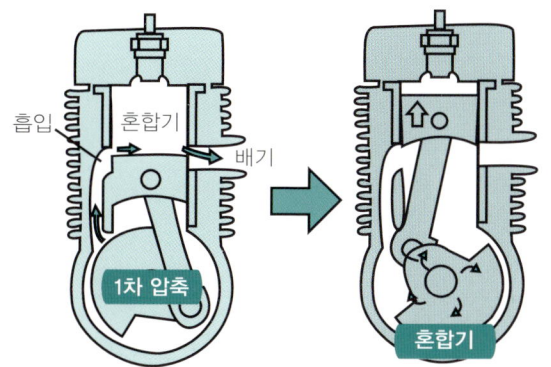

흡입 혼합기
배기
1차 압축
혼합기

하강해 있던 피스톤이 관성력에 의해 다시 상승하면 포트는 닫히고 연소실 안은 밀폐된다. 이 때문에 연소실 안의 혼합기는 피스톤에 의해 압축된다.

### (2) 하강 행정

예열 플러그는 직전에 폭발하고 남은 열 때문에 혼합기에 점화할 힘이 남아 있다. 이로 인해 혼합기의 폭발이 일어난다. 그러면 폭발력으로 인해 피스톤이 하강하기 시작한다.

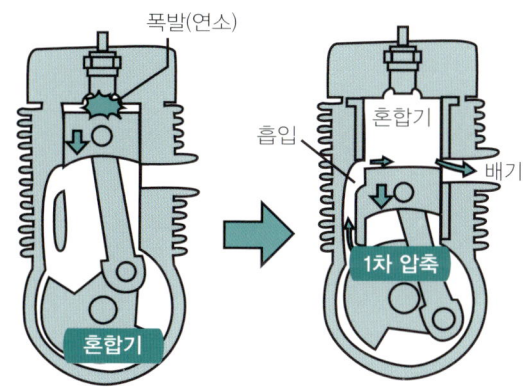

폭발(연소)
흡입 혼합기
배기
혼합기
1차 압축

피스톤이 하강하면 크랭크 케이스 안이 다시 압박받고 그곳의 새로운 혼합기가 연소실로 들어간다. 연소 후의 혼합기는 이것에 밀려 연소실에서 나온다.

오토바이 엔진

1960년식 BSA 골드스타의 단기통 엔진

2006년식 할리데이비슨 스포츠 스타 883의 가로 배치 V형 2기통 엔진

# 27 오토의 4행정 사이클 엔진 발명

다임러와 벤츠가 자동차용으로 개량

오늘날의 불꽃 점화 가솔린 엔진의 기초를 닦은 것은 N 오토(1832~1891, 독일)였다.

오토는 1876년에 4행정 사이클 엔진의 원리에 기초한 불꽃 점화 방식의 '가스' 엔진을 발명해 특허를 신청한다. 불꽃 점화 엔진 이론 사이클인 정적 사이클(단열 압축 ⇨ 정적 가열(연소) ⇨ 단열 팽창 ⇨ 정적 방열)은 그의 공헌을 기려 지금도 "오토 사이클"이라고 부르고 있다.

이 엔진은 정치(定置)식 동력장치로 개발되었다. 오토 사이클 엔진을 베이스로 1885년에 같은 독일인 다임러와 벤츠는 각각 독자적으로 4행정 사이클의 '가솔린' 엔진을 탑재한 자동차를 제작했다. 이것이 오늘날의 가솔린 자동차의 원형이 되었다.

이 엔진이 실용화에 성공한 이유는 다음과 같다.

① 당시 에너지 자원으로 주목받기 시작한 가솔린을 연료로 선택하고 도시에 보급되어 있던 석탄에서 유래한 조명용 가스 등은 버렸다는 점.

② 가솔린을 기화시켜 공기와의 가연 혼합기를 만드는 기화기(카뷰레터) 개발에 성공했다는 점.

③ 가연 혼합기를 실린더에 보낸 다음 압축해 점화하는 불꽃 점화 장치 개발에 성공했다는 점 3가지를 들 수 있다.

그 후 가솔린 자동차는 미국에서 포드(1863~1947)가 중산층이 구입할 수 있는 대량 생산 방식에 성공했다는 점(T형 포드 1908년)과 석유 화학 공업의 눈부신 발전 덕분에 원유에서 가솔린을 값싸게 정제할 수 있게 된 데 힘입어 대중화되어 갔다.

한편, 불꽃 점화 방식이 아닌 압축 착화 방식인 디젤 엔진은 1892년에 독일의 디젤에 의해 발명되었다. R. 보쉬가 개발한 연료 분사 장치에 의해 연속 운전이 가능해졌다. 디젤 엔진을 자동차에 탑재하게 된 것은 1920년대 들어서이다.

❖Tip❖
Ⅰ 가솔린 엔진은 오토가 발명
Ⅰ 다임러와 벤츠가 자동차 탑재용으로 개량
Ⅰ 포드와 석유 화학 공업의 발전에 의해 대중화

## 4행정 사이클 가솔린 엔진의 작동 원리

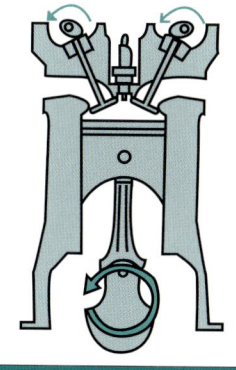

**초기 상태**

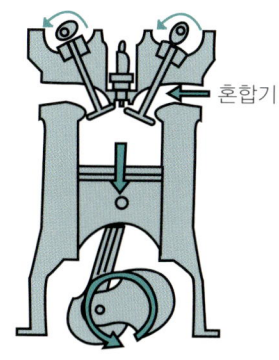

혼합기

**제1행정: 흡입 행정**

피스톤이 내려가고 혼합기
(연료를 포함한 공기)가 실린
더로 들어가는 행정

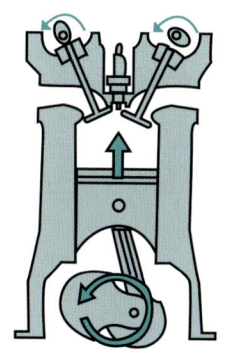

**제2행정: 압축 행정**

피스톤이 상사점까지 올라가
혼합기를 압축하는 행정

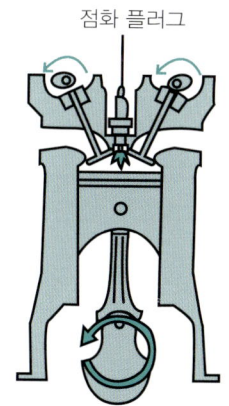

점화 플러그

**연료에 점화**

점화 플러그의 불꽃을 통해
연료에 점화

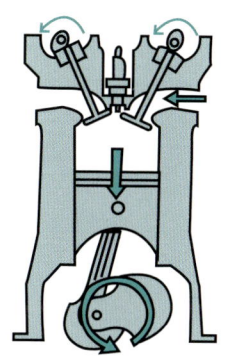

**제3행정: 연료 폭발 행정**

점화 플러그에 의해 점화된 혼
합기가 연소하고 연소가스가 팽
창해 피스톤이 하사점까지 밀려
내려가는 행정

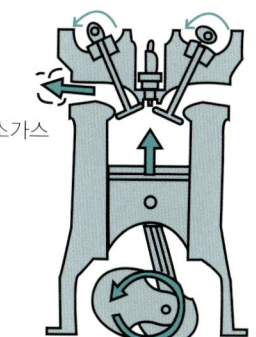

연소가스

**제4행정: 배기 행정**

관성에 의해 피스톤이 올라가
연소가스를 실린더 밖으로 밀
어내는 행정

# 페르난도 포르쉐(Ferdinand Porsche, 1875-1951)
# 20세기 최고의 천재 자동차 설계자

페르난도 포르쉐는 '자동차의 창시자'로 일컬어지는 칼 벤츠보다 약 30년 늦은 1875년에 오스트리아에서 태어났다. 1898년에 전기 자동차의 개발을 진행 중이던 로너사에 들어가 그곳에서 일생의 천직이 되는 자동차 개발을 시작한다.

1900년 파리만국박람회에 출품한 바퀴 허브에 모터를 탑재한 전기 자동차 "로너 포르쉐"는 현재의 인 휠 모터의 선구가 된다. 그 후 다임러사로 이직해 몇 가지 자동차 엔진을 개발한다. 자동차뿐만 아니라 항공용 엔진도 개발하는데 제1차 세계대전 이전의 다임러사의 항공 엔진의 우수성은 세계에 널리 알려졌다.

이런 업적들로 1917년에 빈공과대학에서 명예박사 학위를 수여받는다. 현장 출신 기술자로 대학도 졸업하지 못한 포르쉐가 "박사"라는 경칭으로 불리는 것은 이 명예학위에서 유래한 것이다.

1926년에 다임러와 벤츠가 합병해 다임러 벤츠가 된 후에는 다수의 고성능 승용차나 레이싱 카를 다룬다. 그중에서도 1927년부터 생산된 스포츠 모델 S시리즈는 고전적 고성능 차로 성공을 거두었다.

자기주장이 강했던 포르쉐는 다임러 벤츠를 퇴직하고 1931년에 독일의 슈투트가르트에 설계·컨설팅 기업을 창립한 다음 국내·외 주요 제작사들로부터 위탁을 받아 자동차를 설계한다. 1933년에 독재자 히틀러로부터 국민차(독일어로 폭스바겐) 설계를 의뢰받고 계획대로 5년 후에 폭스바겐 유형1(훗날 '딱정벌레'라는 애칭으로 사랑받았다)을 양산한다.

제2차 세계대전 중에는 히틀러의 지시로 전차 등의 설계에도 관여했다. 패전 후에는 그 이유로 전범으로 체포된다. 자식들에 의해 부흥한 포르쉐 일가는 현재도 자동차 제작사 포르쉐와 폭스바겐의 대주주이다.

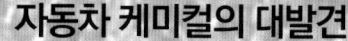

# 4

## 자동차 안전을 지키는
## 타이어의 고무 재료

# 28 식물에서 유래한 천연고무와 석유에서 유래한 합성 고무, 어느 쪽이 우수할까?

**고무는 어떻게 만들어지나**

고무나무의 수액에서 채취하는 **천연고무**의 역사는 6세기 아즈테카 문명으로 거슬러 올라간다. 그리고 유럽에 고무가 전해진 것은 16세기 콜럼버스에 의해서다. 하지만 당시는 고무의 이용 가치가 높지 않았다. 18세기 들어서야 남미의 정글에 자생하는 고무나무에서 채취한 천연고무가 지우개로 사용되기 시작한다. 하지만 천연고무는 추위와 더위에 약해 사용이 매우 어려웠다.

그래서 미국의 굿이어 타이어는 천연고무 개량에 나서 1851년에 유황을 약 30~40% 섞어 가열하면 성능이 비약적으로 향상된다는 것을 알아냈다. 이것은 **에보나이트**(Ebonite)로 불리면서 고무 이용 가치를 단숨에 상승시켰다. 에보나이트는 전기 절연체나 파이프 등에 사용되면서 에보나이트 공업을 일으켰다.

1888년 영국인 던롭은 이 재료를 이용해 공기를 주입한 타이어를 발명하는데 공기 주입 타이어는 당시 자전거에 혁명을 가져다주었다. 그 후 고무나무는 남미의 정글과 기후가 비슷한 영국의 식민지 말레이반도 등에서 재배되면서 1930년 이후 야생 고무는 고무 시장에서 자취를 감춘다.

제2차 세계대전 후는 합성 고무시대로 불리는데 그래도 천연고무의 인장 강도를 능가하는 합성 고무는 아직 발명되지 않고 있다. 식물 광합성과 마찬가지로 생물이 만들어내는 것은 신의 영역인지 인간이 그것을 뛰어넘는 것은 쉽지 않아 보인다.

현재 천연고무와 합성 고무의 소비량은 비슷하며 자동차 타이어 원료로 둘 다 이용하고 있다. 합성 고무는 가솔린과 마찬가지로 원유가 원료로 그것을 정제한 나프타로 만들어진다. 에틸렌 플랜트로 나프타를 열분해해 에틸렌, 프로필렌, C4 유분(留分) 등의 모노머(Monomer) 성분으로 분리한다. 플라스틱과 마찬가지로 이 모노머 성분을 소재로 다양한 합성 고무가 중합(重合)된다. 자동차 타이어 원료 중 하나인 SBR은 부타디엔 등으로 중합된다.

❖Tip❖

❙ 천연고무는 재배 고무나무에서 만들어진다.
❙ 합성 고무는 나프타에서 만들어진다.

## 에보나이트란? 천연고무에 30~40%의 유황을 섞어 가류(加硫)한 것

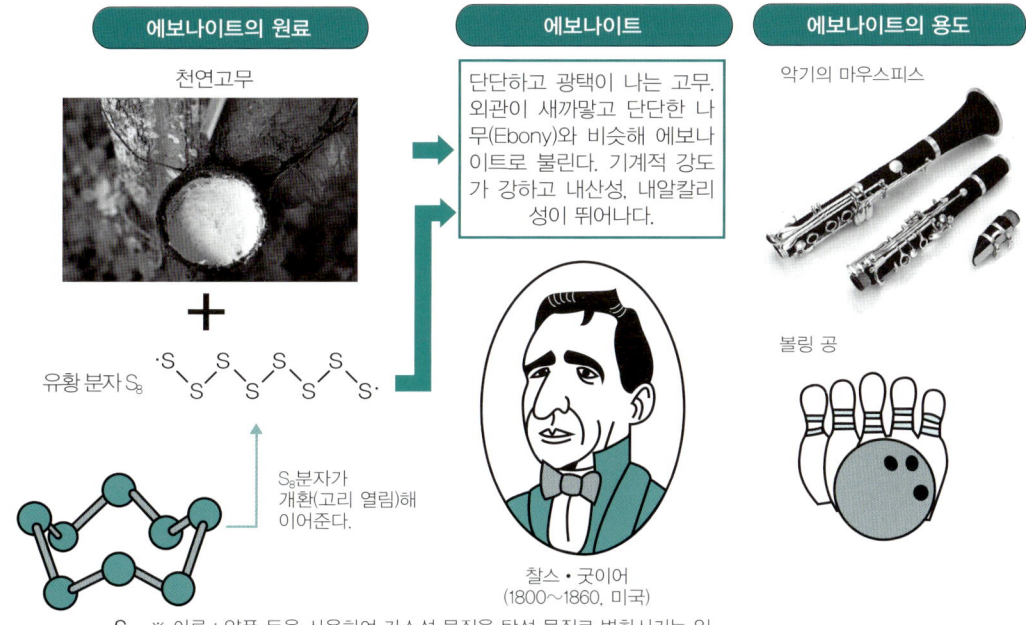

### 에보나이트의 원료

천연고무

유황 분자 S₈

S₈분자가 개환(고리 열림)해 이어준다.

S ※ 아류 : 약품 등을 사용하여 가소성 물질을 탄성 물질로 변화시키는 일

### 에보나이트

단단하고 광택이 나는 고무. 외관이 새까맣고 단단한 나무(Ebony)와 비슷해 에보나이트로 불린다. 기계적 강도가 강하고 내산성, 내알칼리성이 뛰어나다.

찰스 · 굿이어
(1800~1860, 미국)

### 에보나이트의 용도

악기의 마우스피스

볼링 공

## 각종 합성 고무의 개략적 제조 과정

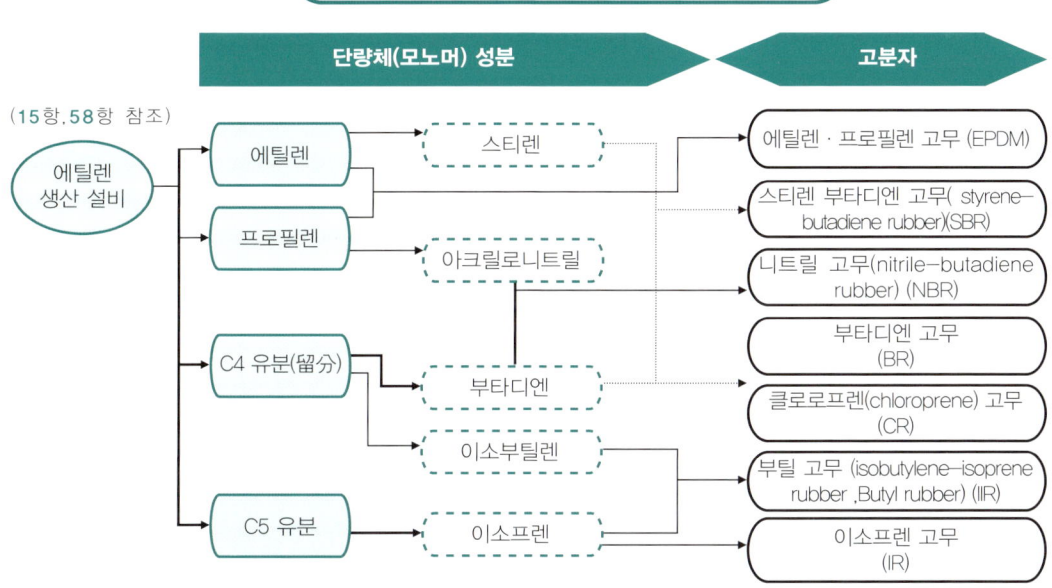

단량체(모노머) 성분 → 고분자

(15항, 58항 참조)

에틸렌 생산 설비

에틸렌 → 스티렌 → 에틸렌 · 프로필렌 고무 (EPDM)

프로필렌

아크릴로니트릴 → 스티렌 부타디엔 고무( styrene–butadiene rubber)(SBR)

C4 유분(留分) → 부타디엔 → 니트릴 고무(nitrile–butadiene rubber) (NBR)

부타디엔 고무 (BR)

클로로프렌(chloroprene) 고무 (CR)

이소부틸렌 → 부틸 고무 (isobutylene–isoprene rubber ,Butyl rubber) (IIR)

C5 유분 → 이소프렌 → 이소프렌 고무 (IR)

# 고무와 플라스틱은 무엇이 다른가?

**고무분자는 변환이 자유로워 형태를 쉽게 바꾼다!**

플라스틱과 고무 모두 탄소나 수소 등의 원자로 이루어진 **고분자**(高分子)이다. 그러나 프라모델의 플라스틱은 딱딱하고 바퀴의 고무는 부드럽다. 같은 탄소 계통의 고분자이면서 왜 이런 차이가 날까?

다음 페이지 상단 그림을 보기 바란다. 세로축은 탄성률을 나타내는데 위로 올라갈수록 딱딱하고 아래로 내려갈수록 부드러워진다. 가로축은 온도를 나타낸다. 플라스틱의 대표적인 예로 비정성(非晶性) 폴리스틸렌(이하 PS), 고무의 대표적인 예로 폴리부타디엔(이하 PB)을 선정한다.

−120℃의 저온에서는 PS나 PB 모두 $10^3$MPa 이상의 탄성률이 있어 단단한 상태이다. 서서히 온도를 높이면 PB는 −85℃ 정도에서 급격히 탄성률이 떨어진다. 이처럼 급격히 탄성률이 떨어지는 온도를 유리 전이점이라고 한다.

한편, PS는 탄성률이 떨어지는 경우가 거의 없어 상온 부근에서는 PS가 $10^3$MPa, PB는 $10^{-1}$MPa로 네 자릿수만큼 차이가 벌어지는데 이 차이가 프라모델과 바퀴 고무의 감촉 차이로 나타나는 것이다. 온도가 올라가면 PS도 약 100℃에서 급격히 탄성률이 떨어져 부드러워진다. PS의 유리 전이점(이하 Tg)은 100℃인 셈이다. "고무의 Tg는 상온보다 낮고(일반적으로 −20℃~−130℃) 비정성 플라스틱의 Tg는 상온보다 높다"는 것이 고무와 플라스틱의 차이다.

하단 좌측 그림에서 볼 수 있듯이 고온에서 고분자 1개는 분자 전체로서는 Tg보다 이동하지 않지만 결합 주위의 회전으로 인해 분자 형태가 자유롭게 변화할 수 있는 상태, 즉 변형되기 쉬운 부드러운 상태에 있는 것이다. 일반적으로 끈 상태로 잘 구부러지는 분자 구조인 고분자의 Tg는 낮아지고 굳은 상태로 잘 구부러지지 않는 분자 구조인 고분자의 Tg는 높아진다.

우측 하단 그림은 고무의 대표적인 분자 구조이다. "시스형"이라는 구조이므로 고무는 잘 구부러지며 Tg가 상온보다 낮아져 부드럽게 느껴지는 것이다.

❖Tip❖

Ⅰ 고온에서는 Tg보다 탄성률이 작고 완만하다.
Ⅰ 고무는 잘 구부러지는 분자 구조이므로 Tg이 상온보다 낮다.

## 플라스틱과 고무 탄성률의 온도의 존성

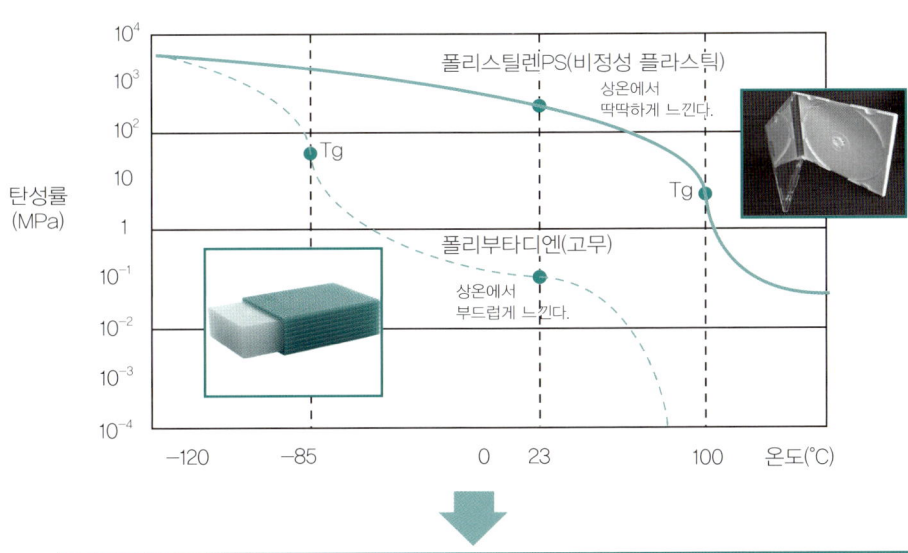

폴리부타디엔(고무)의 유리 전이점은 −85℃로 상온보다 낮다.
플로스틸렌(플라스틱)의 유리 전이점은 100℃로 상온보다 높다.

## 미크로 브라운 운동이란?

고분자 사슬은 유리 전이점보다 고온에서 분자 전체의 중심은 움직이지 않아도 비정 영역의 무질서는 분자 사슬이 탄소−탄소의 단결합 주변을 자유롭게 회전할 수 있다. 이 분자 사슬의 **열운동을 마이크로−브라운 운동**이라고 한다.

예) 데케인(decane)$C_{10}H_{22}$의 미크로−브라운 운동

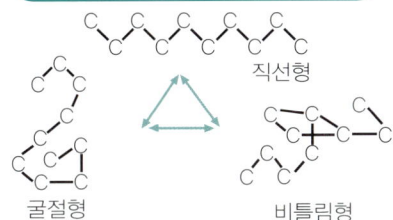

## 고무의 분자 구조

### 시스형 구조‥분자가 잘 구부러진다.

X가 같은 쪽에 있다. 고무의 분자 구조

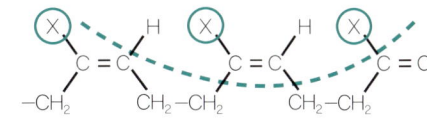

X : CH₃    폴리이소프렌(천연고무)
X : H      폴리클로로프렌(합성 고무)
X : Cl     폴리클로로프렌(합성 고무)

### 트랜스형 구조‥**분자가 구부러지지 않고 강직**

X가 반대쪽에 있다.

71

# 30 스프링과 고무의 신축 원리는 "물과 기름"만큼 다르다.

에너지 탄성과 엔트로피 탄성

철선의 스프링을 잡아당기면 늘어나고 힘을 빼면 곧바로 원래 길이로 돌아간다. 고무도 당기면 늘어나고 힘을 풀면 곧바로 원래 길이로 돌아간다. 겉만 보면 같은 현상이지만 이 현상을 일으키는 원리가 물과 기름만큼 다르다는 사실은 잘 알려져 있지 않다.

철은 금속 결합이므로 힘을 가하면 철의 원자 사이가 길게 벌어진다. 그리고 힘을 빼면 에너지적으로 안정적인 원래의 원자 상태로 되돌아가려고 한다(탄성 변형 내에서). 이 신축원리를 에너지 탄성이라고 한다. 반면, 고무의 신축 원리는 고무의 탄소원자 사이의 거리 변화가 아니라 엔트로피라는 열역학적 물리량으로 설명된다.

앞 항에서 언급했듯이 고무 1개의 고분자는 끈 상태로 잘 휘어지기 때문에 상온에서는 다음 페이지의 상단 우측 그림처럼 "실타래 상태"이다. 이 상태에서 당기면 모든 고분자들이 뻗은 타원형으로 변형된다. 그리고 힘을 빼면 원래의 실타래 상태로 돌아간다. 실타래 상태가 가장 안정적(엔트로피가 최대)인 형태이기 때문이다.

엔트로피란 물질의 혼잡함이나 무질서를 나타내는 양인데 열역학 제2 법칙은 "엔트로피는 불가역 반응에서 항상 증대한다"라고 정의한다. 고분자 1개가 모두 늘어난 상태에서는 분자가 일정 방향으로 정렬되어 있으므로 엔트로피가 작은 상태이다. 이 상태에서 힘을 빼면 엔트로피가 더 혼잡하고 무질서하게 큰 실타래 상태로 돌아간다. 이것이 "엔트로피 탄성"의 원리로 고무 탄성을 이해하는데 가장 중요한 개념이다.

그러나 실타래 상태의 고무를 계속 당겨 고무의 고분자를 길게 당겨놓은 상태로 놔두면 서서히 그 형태에 익숙해지면서 원래의 실타래 상태로 돌아가지 않게 된다. 그래서 유황을 섞어 고분자 간에 다리를 놓아주는 가교 구조를 만들어줌으로써 탄성 성능을 향상시킨다. 8원환 유황은 개환(開環)해 고무 속으로 들어간 다음 고무 고분자와 화학결합(가교)한다.

※ 개환(開環): 고리화합물이 시약이나 열, 그 밖의 반응 조건으로 인하여 결합이 끊어져서 사슬화합물이 되는 반응

**❖Tip❖**
ㅣ 스프링의 신축으로 원자 사이의 거리가 바뀐다.
ㅣ 고무의 신축으로 원자 사이의 거리가 바뀌진 않는다.
ㅣ 엔트로피가 큰 실타래 상태가 안정적인 상태

## 스프링의 신축 원리

화학 결합의 형태=금속 결합

원자핵과 폐각(閉殼)전자 · 자유 전자 (자유롭게 움직이는 가전자)

원자 사이의 거리와 에너지의 관계

에너지

원래의 위치가 에너지적으로 가장 안정

← 원자 사이의 거리

늘리면 원래대로 돌아오는 힘이 작동

## 고무의 신축 원리

최초의 실타래 상태 → 고분자는 늘어난다. → 원래의 실타래상태로 돌아온다.

당긴다. → 힘을 뺀다. →

엔트로피 대 · 엔트로피 소 · 엔트로피 대

## 미가교 고무와 가교 고무의 변화와 복귀

미가교 고무

유황 분자 $S_8$

$S_8$이 개환해서 화학 결합한다.

$S$ $S$ $S$ $S$ $S$ $S$ $S$ $S$

가교 고무

오랫동안 계속 당겨진다.

원래의 상태로 돌아가지 않는다.

응력 제거

원래의 형태로 돌아온다.

소성 변형

탄성 변형

# 31 브리지스톤의 자동차 타이어 기원은 '작업화'

### 타이어업계 1위인 브리지스톤을 부흥시킨 이시바시 쇼지로

현재 타이어 부문 세계 점유율 1위를 자랑하는 브리지스톤의 창업자 이시바시 쇼지로는 1889년 후쿠오카현 구루메시에서 태어났다. 17살 때 형과 함께 가업인 수선업(셔츠, 속옷, 버선 등의 수선)을 이어받았다. 쇼지로는 수선 가게를 일본식 버선 전문업으로 바꾸어 도제제도 폐지나 기계화를 통해 생산 효율을 높이는 데 주력했다.

다이쇼시대 당시 일본 노동자들의 신발은 여전히 "짚신"이었다. 하지만 짚신은 발에 충분한 힘이 들어가지 않아 작업효율이 낮고 못이나 유리 파편이 쉽게 박힐 위험도 있었다. 그래서 쇼지로는 내구성이 짚신보다 훨씬 뛰어난 고무 깔개 버선(버선에 고무 깔개를 재봉해 붙인 것) 개발에 착수했다. 하지만 꿰매는 실이 잘 끊기고 내구성 부재 등의 문제에 부딪쳤다.

그러던 중 도쿄 백화점에서 발견한 미국산 테니스화에서 힌트를 얻고 기존 고무 깔개 재봉 방식으로부터 고무 깔개 접착에 고무풀을 이용한 맞붙임 방식으로 바꾸면서 생산에 성공한다. 1923년에 '지카타비(작업화)'라는 상품명으로 출시할 당시 폭발적인 인기를 끌었고 오늘날 이 상품명은 보통명사가 되었다.

그 후 쇼지로는 자동차 타이어에 주목한다. 당시 일본 국내의 자동차 대수는 불과 약 5만 대였고 미국은 무려 약 2,300만 대나 되었다. 미래에 일본에서도 일본산 자동차가 대량으로 만들어질 것이라고 예상한 쇼지로는 타이어 국산화를 시작한다.

이시바시의 성을 영어식으로 바꾼 '스톤브리지'를 회사명으로 생각했지만 발음이 별로 안 좋아 '브리지스톤'으로 바꾸고 상품명에도 사용했다. 미국에서 굿이어가 천연고무에 유황을 섞어 에보나이트를 실용화한 지 정확히 80년 후인 1931년의 일이었다.

❖Tip❖
- 일본식 버선과 고무바닥을 붙이는 데서 발명한 '지카타비(작업화)'
- 이시바시를 반대로 영역한 '브리지스톤'

## 브리지스톤 타이어의 기원

### 이시바시 쇼지로의 '작업화'

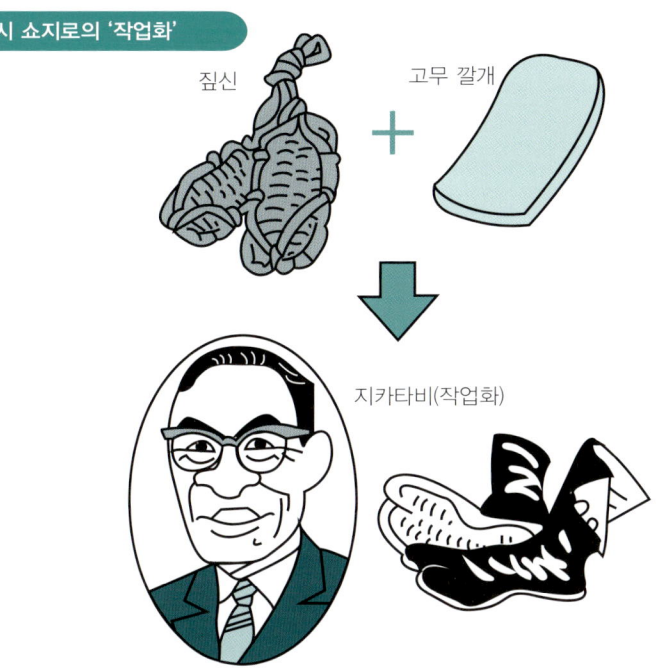

짚신 + 고무 깔개

지카타비(작업화)

이시바시 쇼지로(1889~1976년)

## 타이어 세계 점유율(2013년 매출액 기준)

### 1위 브리지스톤(일본), 2위 미쉐린(프랑스), 3위 굿이어(미국)

| 한글명 | 영문명 | 비율 |
|---|---|---|
| 도요고무 | Toyo | 1.6% |
| 금호 | Kumuho | 1.8% |
| 쿠퍼 | Cooper | 1.8% |
| 지티 | GITI | 2.0% |
| 중책고무 | Zhongce Rubber | 2.4% |
| 정신 | Cheng Shin | 2.6% |
| 요코하마고무 | Yokohama | 2.6% |
| 한국 | Hankook | 3.7% |
| 스미토모고무 | Sumitomo | 3.7% |
| 피렐리 | Pirelli | 4.3% |
| 컨티넨탈 | Continental | 6.0% |

기타 Others 29.8%

브리지스톤 Bridgestone 14.6%

미쉘린 Michelin 13.7%

굿이어 goodyear 9.4%

# 32 하이브리드 자동차 타이어는 하이브리드 고무

합성 고무의 일종인 「범용 고무」와 「특수 고무」

고무는 "고무나무"에서 채취한 수액이 원료인 **천연고무**와 원유에서 인공 합성되는 **합성 고무**로 분류할 수 있다.

천연고무의 주성분은 폴리이소프렌으로 고무나무 안에서 첨가 중합해 생성된다. 수액 속에서는 수용액(水溶液)에 고무 성분이 분산된 에멀션(Emulsion) 상태이므로 라텍스(생고무)라고 불린다.

하지만 엽록 식물의 광합성과 마찬가지로 고무 수액의 생성 과정은 상세히 밝혀지지 않은 부분이 아직 남아 있다. "합성 고무"는 다시 **범용 고무**와 **특수 고무**로 분류된다. 플라스틱에서 말하는 범용 플라스틱과 엔지니어링 플라스틱 분류와 비슷하다.

대표적인 범용 고무로는 IR(Isoprene Rubber)과 SBR(Styrene Butadiene Rubber)이 있다. IR은 천연고무와 똑같은 폴리프로필렌이 주성분인 "인공 합성한 천연고무"이다. 다양한 산업 분야에서 천연고무 대체재로 사용되고 있지만 본래 천연고무의 인장 강도를 능가하는 IR은 아직 개발되지 않고 있는 실정이다.

SBR은 스티렌과 부타디엔의 혼성 중합체이다. SBR의 역학 특성은 천연고무와 가장 가까워 내열성과 내마모성이 뛰어나고 성형 가공성도 우수하며 천연고무나 기타 합성 고무와의 혼합성도 양호하다. 자동차 타이어의 주 원료는 천연고무와 이 SBR로 구성된 하이브리드 재료이다.

한편, 특수 고무란 천연고무에 없는 특성이 있고 특정 용도의 공업 제품에 사용되는 합성 고무이다. 에틸렌·프로필렌 고무(EPDM)는 고무 중 비중이 가장 작은 고무이다. 자동차 몰딩 종류를 비롯해 건축용 및 가정용 급수나 급탕기 등에 많이 이용된다. 아크릴 고무(ACM)는 자동차 트랜스미션이나 크랭크 샤프트의 패킹 및 실로 이용되고 있다. 불소고무는 최고의 내열성, 내약성이 있으므로 자동차 엔진 주변에 이용된다.

❖Tip❖
Ⅰ 합성 고무는 범용 고무와 특수 고무로 분류된다.
Ⅰ 범용 고무의 대표적인 예인 SBR은 타이어에 사용된다.
Ⅰ 특수 고무도 자동차의 적재적소에 사용되고 있다.

## 고무의 분류

### 고무

#### 천연고무
고무나무에서 채취되는 수액이 원료인 고무

천연고무의 분자 구조는 전자 유도 법칙을 발견한 영국의 마이클 패러데이(1791~1867)에 의해 1826년에 해명되었다. 그 후 단량체 $C_5H_8$는 이소프렌으로 명명되었다.

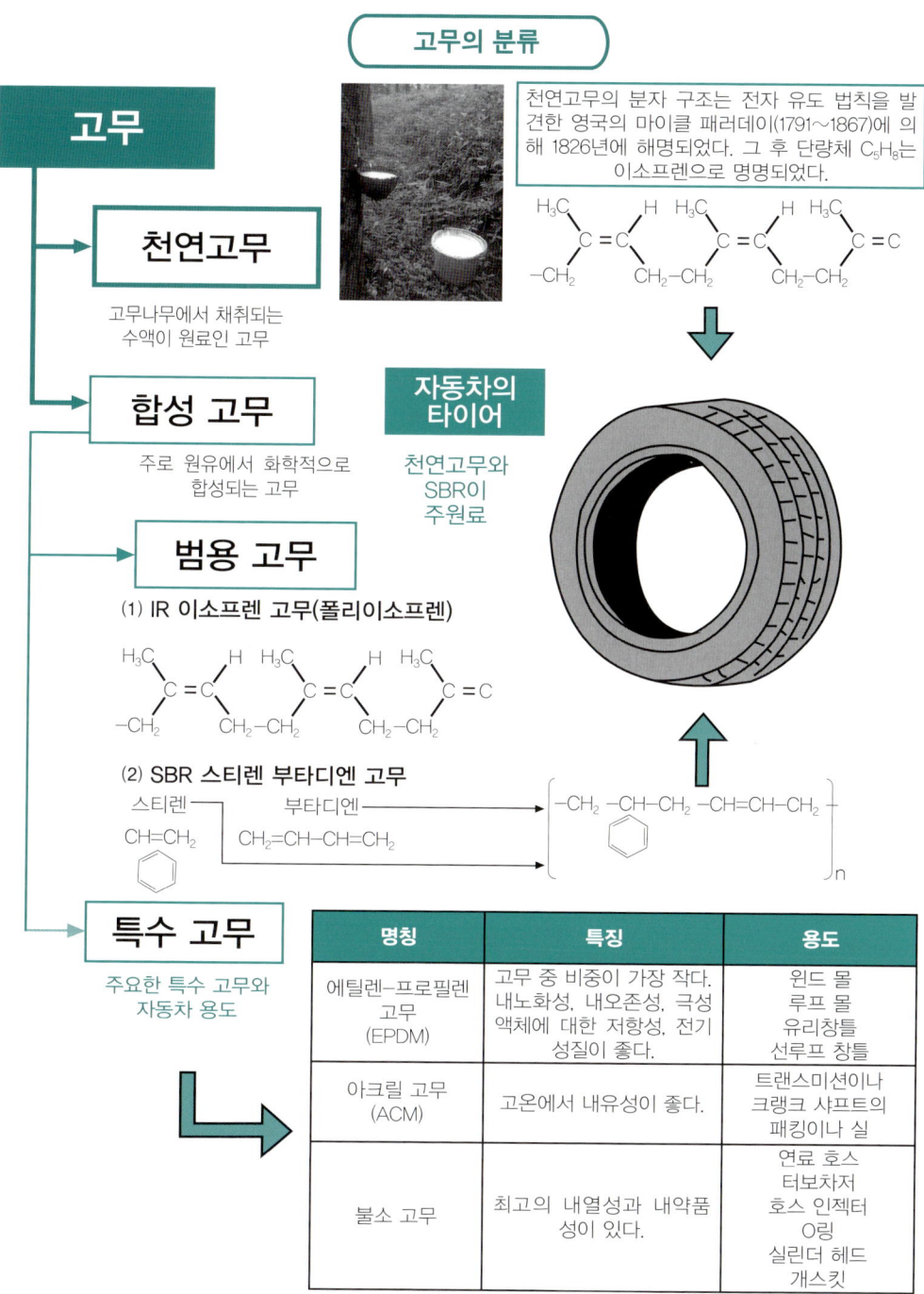

#### 합성 고무
주로 원유에서 화학적으로 합성되는 고무

**자동차의 타이어**
천연고무와 SBR이 주원료

#### 범용 고무

(1) IR 이소프렌 고무(폴리이소프렌)

(2) SBR 스티렌 부타디엔 고무

스티렌 ──── 부타디엔 ────
$CH=CH_2$   $CH_2=CH-CH=CH_2$

$-CH_2-CH-CH_2-CH=CH-CH_2-$ ]n

#### 특수 고무
주요한 특수 고무와 자동차 용도

| 명칭 | 특징 | 용도 |
|---|---|---|
| 에틸렌–프로필렌 고무 (EPDM) | 고무 중 비중이 가장 작다. 내노화성, 내오존성, 극성 액체에 대한 저항성, 전기 성질이 좋다. | 윈드 몰 루프 몰 유리창틀 선루프 창틀 |
| 아크릴 고무 (ACM) | 고온에서 내유성이 좋다. | 트랜스미션이나 크랭크 샤프트의 패킹이나 실 |
| 불소 고무 | 최고의 내열성과 내약품성이 있다. | 연료 호스 터보차저 호스 인젝터 O링 실린더 헤드 개스킷 |

# 33 타이어의 역사는 5천 년, 공기 주입 자동차 타이어의 역사는 120년

**미쉐린 타이어의 주행 성능은 최고급 "별 3개"짜리 식당?**

최고의 육상 운송 수단은 썰매였다고 한다. 썰매는 땅 위에서 끄는 데는 마찰력이 커 썰매 밑에 바퀴를 장착한 것은 기원전 3천 년 무렵 수페르인이었다. 나무판을 이어 붙이고 그 중심에 봉심을 댄 간단한 바퀴였지만 수송 능력은 비약적으로 향상되었다. 그리고 대단하게도 이 바퀴를 따라 동물 가죽을 씌운 다음 구리못으로 고정하기도 했다.

오늘날 자동차 타이어의 원형이라고 부를 만한 구조였다. 이런 구조의 타이어가 3천 년 동안 사용되어 왔다. 기독교가 탄생할 무렵 라인강 유역의 켈트인에 의해 철 타이어가 발명된 이후에는 철 타이어 시대가 계속된다.

고무 타이어가 사용되기 시작한 것은 1867년부터이다(굿이어 타이어가 천연고무를 가류해 에보나이트를 실용화한 것은 1851년). 당시 자동차 타이어는 단순히 고무바퀴를 바퀴둘레에 장착한 솔리드 유형으로 최고 속도는 약 30km/h였지만 오래 달리면 열 때문에 고무가 눌러 붙었다고 한다.

오늘날의 **공기 주입 타이어**가 던롭에 의해 자전거에 처음 사용된 것은 1888년으로 벤츠가 세계 최초로 가솔린 엔진을 탑재한 자동차를 발명한지 3년 후의 일이다. 던롭은 고무를 도포한 질긴 천(Canvas)으로 고무제품의 튜브를 감싼 구조의 타이어를 발명했다. 프랑스 귀족 미쉐린 형제는 1895년 파리와 보르도를 왕복하는 자동차 내구레이스에서 자신들이 개발한 자동차용 공기주입 타이어로 참가했다.

완주했지만 22개의 예비 타이어를 모두 소진할 만큼 많은 펑크로 인해 시간 초과로 탈락하고 말았다. 그러나 레이스 도중 우승 차량의 배 이상인 60km/h를 기록하며 승차감 등에서 압도적인 성능을 보였다. 미쉐린 형제의 공기 주입 타이어는 단숨에 유명해지며 일반 차량에도 보급되어 나갔다. 여담이지만 미쉐린사가 발행하는 여행 가이드북 "미슐랭 가이드"는 미식가용 책으로 유명하다.

❖Tip❖
- 최초에는 솔리드 유형의 고무 타이어
- 던롭은 자전거용 공기 주입 타이어 개발
- 미쉐린은 자동차용 공기 주입 타이어 개발

## 기원전 3천 년 당시의 바퀴

썰매는 눈이나 얼음 위에서는 적합했지만 땅 위에서는 마찰력이 커져 바퀴가 필요했다.

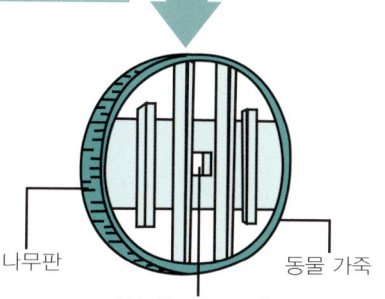

나무판

동물 가죽

봉심을 넣는 구멍

## 1900년 무렵의 자동차 타이어

솔리드(속이 빈 것이 아니라 채워져 있음) 고무 타이어. 고무 재질 바퀴를 원 외주에 끼운 것

## 자전거용 「공기 타이어」

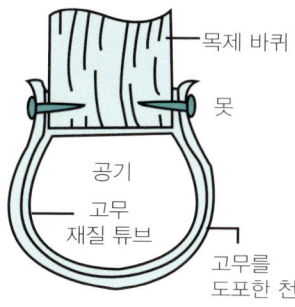

목제 바퀴

못

공기

고무 재질 튜브

고무를 도포한 천

자전거용 「공기 타이어」를 발명한 던롭 (1840~1921)

자동차용 「공기 타이어」를 발명한 미쉐린(1859~1940)

## 20세기 이후의 자동차 타이어

바이어스 타이어

트레드(tread)

카커스 (carcass)

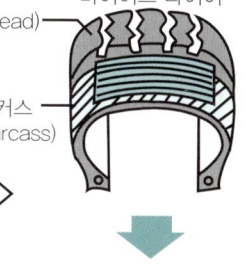

레이디얼 타이어

트레드

벨트

카커스

미쉘린 가이드
☆(원 스타) 해당 분야에서 특히 맛있는 요리
☆☆(투 스타) 매우 맛있어 멀어도 방문할 가치가 있는 요리
☆☆☆(쓰리 스타) 맛보기 위해 여행해 찾아갈 가치가 있는 탁월한 요리

# 찰스 롤스와 헨리 로이스가
# 만든 롤스로이스

영국 고급차의 대명사인 롤스로이스사는 1903년에 창립되었다. 롤스로이스의 신뢰성, 정숙성 및 애프터 서비스에 대해서는 수많은 전설과 일화가 남아 있다. 한 신사가 유럽 여행을 갔을 때 스위스 산길에서 크랭크 샤프트가 망가지는 문제가 발생했다. 신속히 공장에 전화해 부품을 보내달라고 요청하자 얼마 후 헬리콥터가 날아와 정비사가 내리고 능숙하게 수리한 다음 다시 헬리콥터로 돌아갔다. 귀국한 신사는 수리비 청구서가 오지 않자 이상하게 여겨 공장에 전화했더니 "고객님 롤스로이스의 크랭크 샤프트는 망가지지 않습니다."라고 말했다는 일화이다.

이 일화는 영국인 러디어드 키플링의 체험담을 바탕으로 하고 있다. 그는 롤스로이스의 광팬으로 1925년에 발매된 "팬텀"을 몰고 장거리 운전에 나섰다. 도중에 문제가 발생해 주행이 불가능해지자 호텔까지 견인해와 가장 가까운 딜러에게 전화했다. 딜러의 위치가 호텔에서 멀어 다음날 아침 출발해도 점심시간이 지나서야 도착할 것이라고 생각한 그는 과음하고 잠들었다.

다음날 낮에서야 일어난 그에게 호텔 지배인이 "고객님의 자동차는 수리가 이미 끝났습니다. 오늘 아침 일찍 정비사 몇 명이 와 수리를 마치고 돌아갔습니다."라고 전해주었다. 나중에 청구서는 오지 않았다는 체험담이다.

팬텀 시리즈는 '007' 등의 영화에도 자주 등장한 모델이다. 또한, "보닛 위에 동전을 세우고 시동을 걸어도 쓰러지지 않는다"라는 전설은 사실인 것 같다. 1906년부터 발매되어 세계적 명성을 쌓은 "실버 고스트"는 출하검사 때 이 방법을 썼다고 한다. 롤스로이스사의 자동차 부문 제조·판매는 2003년부터 독일 BMW가 맡고 있다.

# 5 자동차를 미인으로 변신시키는 도료의 화학

# 34 도료란 4성분 혼합 계통의 4중주
### 자동차 이미지를 어떻게 채색해 표현할 것인가

　도장의 목적은 도장 대상의 보호와 미관, 기능 추가이다. 자동차 도장에서 보호란 대부분 철 소재인 차체를 녹으로부터 지켜줌으로써 자동차의 수명이 끝날 때까지 소재의 강도를 보호하는 것이다. 미관은 색, 표면, 윤기 등 시각적으로 고객에게 어필하는 것이다. 색은 자동차 보디의 디자인과 함께 개인적인 기호에 많이 의존한다.

　도료·도장은 자동차의 콘셉트와 이미지를 어떻게 채색해 표현할지에 대한 명제가 있다. 기능이란 손상이 잘 안되고 보수유지성이 우수하다는 등의 의미이다. **도료는 수지**(고분자), **안료, 첨가제, 용제** 4가지 성분으로 되어 있다. 이 성분은 역할에 따라 다음과 같이 분류할 수 있다.

① 도막의 주 요소: 도료가 고착되어 원래의 목적인 보호, 미관과 직접적인 관련이 있는 수지와 안료의 주 성분을 말한다.

② 도막의 부 요소: 도료를 만들기 쉽게 하거나 도료가 단단하고 깨끗이 건조되도록 적극적인 보조 역할을 하는 분산제, 안정제 등의 첨가제를 말한다.

③ 도막의 조 요소: 수지와 안료를 섞을 때 사용하는 용제, 도장하기 쉽도록 추가되는 시너 등과 같이 도료가 건조되면 없어지는 성분이다.

　자동차용 도료의 수지는 일반적으로 열경화성 수지를 사용한다. 저분자량 수지가 경화제와의 반응을 통해 고분자로 성장해 도막이 된다. 열가소성 수지와 달리 분자 구조가 3차원 망 구조이므로 내후성이 뛰어나고 단단하고 강한 도막이 형성된다. 착색 안료는 유기 안료와 무기 안료로 구분된다. 착색 안료에 의해 색감, 착색력, 하지 은폐력, 내후성이 결정된다.

　일반적으로 유기 안료는 선명한 색과 착색력이 있지만 은폐력이나 안료의 분산성이 떨어진다. 플레이크 안료는 자동차의 메탈릭 도료에 이용되는 안료로 비늘조각 형태의 알루미늄, 착색 마이커 등을 말한다. 보석처럼 깊고 투명감이 있어 빛나는 것 같은 색을 낼 수 있다.

❖Tip❖
Ⅰ 도료는 수지, 안료, 첨가제, 용제 4가지 성분으로 구성
Ⅰ 자동차용 도료 수지는 열경화성 수지가 많다.
Ⅰ 착색 안료는 유기 안료와 무기 안료로 구분된다.

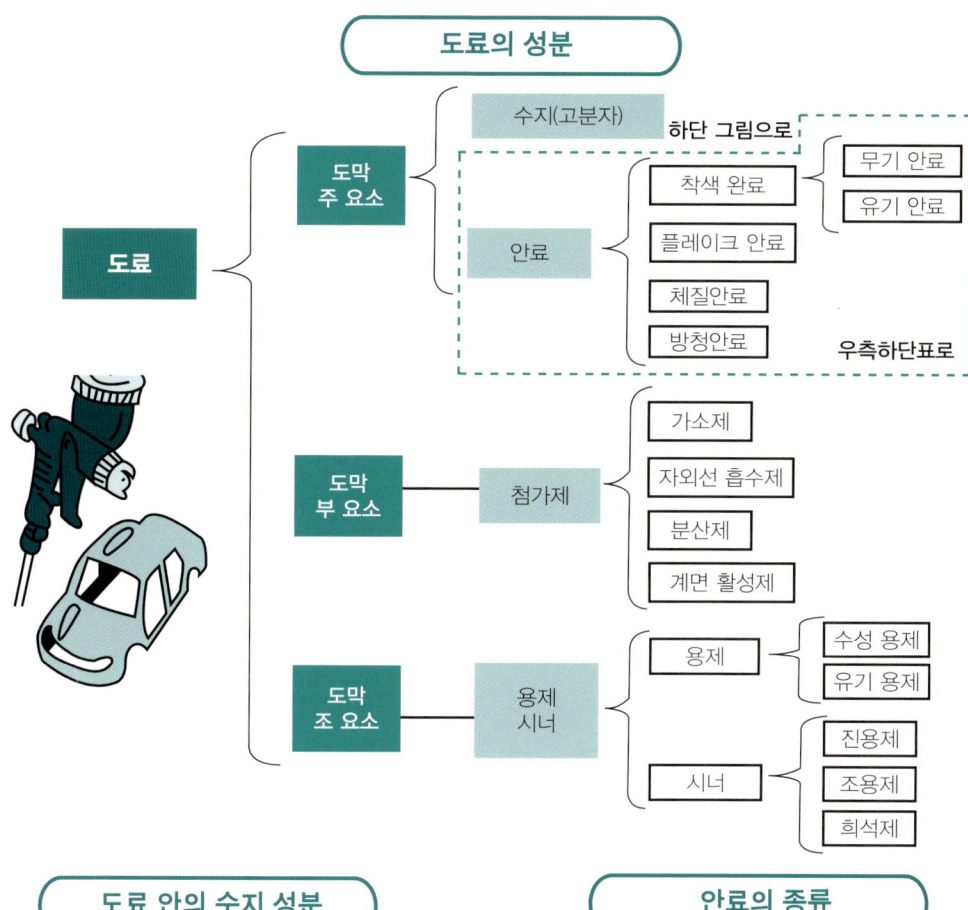

## 도료의 성분

```
도료 ─┬─ 도막        ─┬─ 수지(고분자)              하단 그림으로
      │   주 요소      │
      │                └─ 안료 ─┬─ 착색 완료 ─┬─ 무기 안료
      │                         │             └─ 유기 안료
      │                         ├─ 플레이크 안료
      │                         ├─ 체질안료
      │                         └─ 방청안료              우측하단표로
      │
      ├─ 도막        ─── 첨가제 ─┬─ 가소제
      │   부 요소                ├─ 자외선 흡수제
      │                          ├─ 분산제
      │                          └─ 계면 활성제
      │
      └─ 도막        ─── 용제 ─┬─ 용제 ─┬─ 수성 용제
          조 요소      시너     │        └─ 유기 용제
                                └─ 시너 ─┬─ 진용제
                                         ├─ 조용제
                                         └─ 희석제
```

## 도료 안의 수지 성분

**수지**

### 열가소성 수지

· 고분자량 수지액에서 용제가 증발해 도막이 된다.
· 도막이 용제에 녹고 열에 의해 용융된다.
예) 염화비닐 수지, 초산 비닐에멀션, 아크릴 에멀션

### 열경화성 수지(경화제를 첨가)

· 저분자량 수지와 경화제 반응에 의해 도막이 된다.
· 도막이 용제에 녹지 않고 열에 의해 유동하지 않는다.
예) 아크릴 수지, 알키드 수지, 멜라민 수지, 에폭시 / 이소시아네이트 수지, 폴리에스테르 수지

## 안료의 종류

| 분류 | | 대표적인 예 |
|---|---|---|
| 착색 안료 | 무기 안료 | 산화티타늄, 몰리브덴, 적황연, 카본 블랙 |
| | 유기 안료 | 페린레드, 프탈로시아닌 블루, 프탈로시아닌 그린 |
| 프레이크 안료 | | 알루미늄, 착색 마이커, 글라스 플레이크, 실리카 플레이크 |
| 체질 안료 | | 탄산칼슘, 탤크, 카올린, 유산바륨 |
| 방청 안료 | | 징크 크로메이트, 연단, 아연화남스트론튬, 크로메이드 |

# 35 도막은 이렇게 형성된다.

유기 용제 도료와 수성 에멀션 도료

도료는 도장할 물체에 칠해진 다음 **건조·경화**되면서 **도막**이 된다. 이 과정을 성막(成膜) 과정이라고 한다. 이 성막이 형성되는 원리를 대표적인 두 가지 도료를 통해 살펴보겠다. 도료의 성분은 앞 절에서도 설명했지만 첫 번째는 열경화 수지에 유기 용제를 조합한 도료이다. 두 번째는 수지가 열가소성 수지이고 용제가 물인 경우이다.

첫 번째 도료는 자동차에서도 많이 사용되는 유형이다. 도료 단계에서 이 도료의 수지 성분은 저분자 상태이다. 거기에 경화제(과산화물 등)를 추가해 쾌적한 온도로 가열하면 불포화기(−C=C−)에 기인하는 화학 반응이 일어나면서 저분자들끼리 3차원적으로 연결된 구조의 고분자가 형성된다. 동시에 유기 용제나 시너가 증발해 딱딱하고 단단한 도막이 만들어진다.

두 번째 물계통 도료로 대표적인 것은 에멀션 도료이다. 일반적으로 에멀전이라고 하지만 무슨 이유인지 도장 분야에서는 에멀션이라고 하므로 여기서도 그렇게 부르겠다. 에멀션 도료는 처음부터 수지가 고분자로 되어 있다.

물(친수성)에 고분자(물꺼림성)를 균일하게 분산시키기 위해 계면 활성제를 이용한다. 계면 활성제의 물꺼림성(疎水性) 부분이 수지에 흡착하고 친수성(親水性) 부분이 물과 접촉해 안정적으로 분산한다. 이것을 도포해 가열한다. 그러면 물이 증발하는 것과 수지 경계면의 물의 모세관 효과에 의해 수지끼리 접근한다. 나아가 수지끼리 융착해 열가소성 수지 도막이 형성된다. 잔존하는 계면 활성제는 도막 성능을 저하시킨다.

또한, 수지끼리 융착하는 것은 완전한 것이 되기 어려워 도막의 표면 상태가 울퉁불퉁해지기 때문에 광택이 안 난다. 현재 에멀션 도료는 건축물 내장 등에 사용되지만 이대로는 자동차용으로 부적합하다. 여기서 소개한 것은 가장 알기 쉬운 사례일 뿐으로 에멀션 도료라도 경화 반응을 병용해 도막의 형성을 향상시킬 수 있다.

 ❖Tip❖

| 열경화성 수지의 도막은 딱딱하고 강하다.
| 열가소성 수지의 도막은 요철 때문에 광택이 나지 않는다.

## 도료로부터 도막이 형성되는 원리

(1) **열경화성 수지 × 유기 용제의 조합** · · · · · 일반적인 자동차 도료

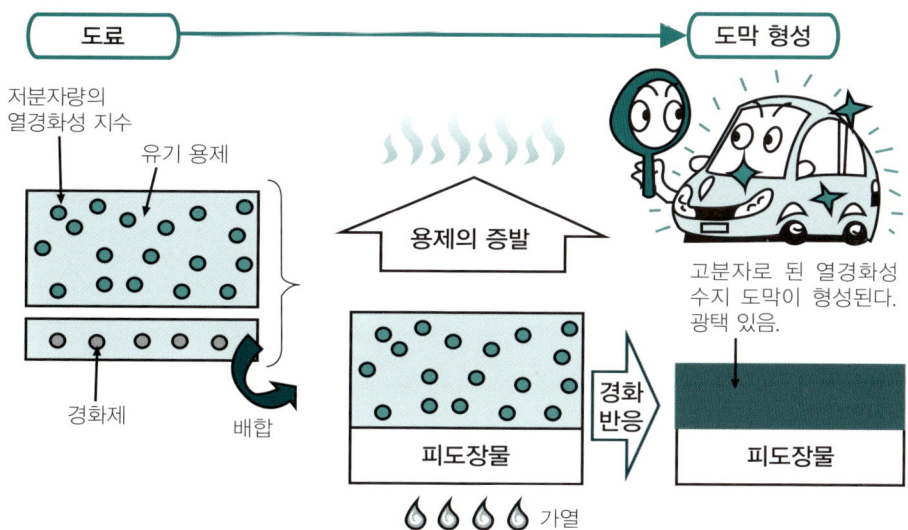

도료 → 도막 형성

저분자량의
열경화성 지수

유기 용제

경화제

배합

용제의 증발

피도장물

가열

경화
반응

고분자로 된 열경화성
수지 도막이 형성된다.
광택 있음.

피도장물

(2) **열가소성 수지 × 수성 용제의 조합** · · · · · 에멀션 도료

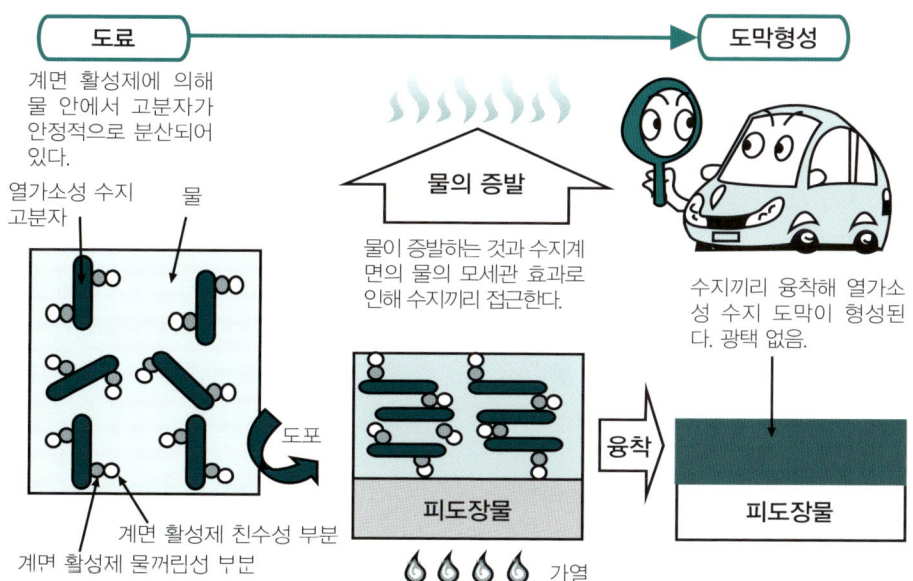

도료 → 도막형성

계면 활성제에 의해
물 안에서 고분자가
안정적으로 분산되어
있다.

열가소성 수지
고분자

물

물의 증발

물이 증발하는 것과 수지계
면의 물의 모세관 효과로
인해 수지끼리 접근한다.

도포

계면 활성제 친수성 부분

계면 활성제 물꺼림성 부분

피도장물

가열

융착

수지끼리 융착해 열가소
성 수지 도막이 형성된
다. 광택 없음.

피도장물

# 36 자동차 보디 도장의 도색은 3회

하도, 중도, 상도

**자동차 강판**의 도장은 **하도, 중도, 상도** 3층으로 구성된다. 자동차의 형상으로 재단된 강판은 탈지 등의 전처리 공정을 끝낸 후 하도 공정에 들어간다. 하도에는 원래부터 양이온 전착 도장을 사용하고 있다. 전착 도장은 도금 원리로 칠하는 수성 도장의 일종이다.

도장할 물체를 마이너스로 대전시킨 다음 전기의 '+'와 '−'가 서로 잡아당기는 힘으로 플러스 이온 도료 입자(에폭시 수지)를 도장할 물체에 부착시킨다. 자동차 보디 같이 형상이 복잡해도 균일한 도막을 도착(塗着)할 수 있어 뛰어난 방청 성능(10년 보증)을 확보할 수 있다.

중도 이후는 정전 도장(靜電塗裝, 스프레이 도장의 일종)이 일반적이다. 중도는 하도 전착층의 거친 표면을 가리고 상도 도장의 미관성을 발휘하도록 보조한다. 또한, 하도층과 상도층을 강고하게 밀착시킴으로써 주행 도중 돌이 튀어 부딪치면서 생기는 국소 치핑(Chipping)의 벗겨짐을 막아주는 역할도 한다. 주로 사용하는 수지는 폴리에스테르·멜라닌이며 내(耐)치핑 성능 향상을 위해 유연한 우레탄을 추가하는 경우도 많다.

상도 도장에는 의장을 포함한 외관 품질 향상, 장기간에 걸친 옥외 내구성 등이 요구되는 한편 신차의 매력을 얼마나 높이느냐가 관건이다. 상도 도장에는 다양한 방법이 있지만 최근 주류는 메탈릭 컬러라는 베이스/클리어(2Coat 1Bake)로 색을 내는 베이스층과 평활성·내구성을 발휘하는 클리어 층을 겹칠하는 동시에 열처리하는 방법이다.

베이스 코트 도료에는 다양한 색으로 보이는 착색 안료와 광휘감을 주는 알루미늄 등의 플레이크 안료가 사용된다. 클리어 코트는 최상층 도막이므로 외관 품질 외에 내후성, 내찰과상성 등과 같이 시장 환경 하에서 노화 요인에 대한 뛰어난 저항성이 요구된다. 또한, 웨트 온 웨트(Wet-on-Wet) 공정에서 도장되기 때문에 베이스 코트와의 혼층(混層)을 방지할 필요도 있다. 상도에는 아크릴·멜라닌 수지가 이용된다.

❖Tip❖
I 하도 전착 도장에서 방청 성능 확보
I 중도와 상도는 정전 도장
I 중도에서 내치핑성, 상도에서 외관 확보

## 자동차의 하도 · · · 양이온 전착 도장

양이온 전착 도장은 도금 원리로 칠하는 수성 도장의 일종이다.
도장할 물체를 마이너스로 대전시킨 다음 플러스 이온인 도료 입자를 전기의 '+'와 '－'가 서로
당기는 힘으로 도장할 물체에 부착시키는 도장 방법이다.

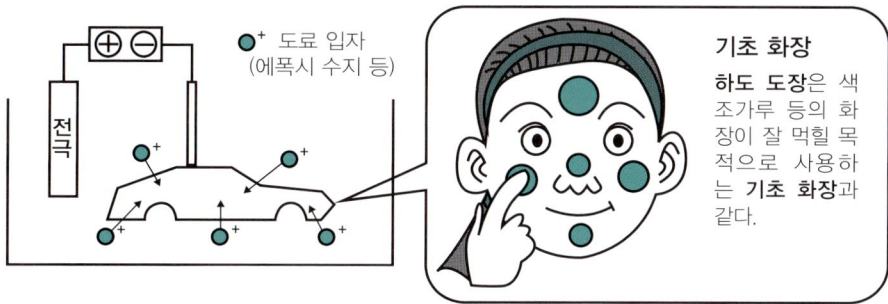

● ⁺ 도료 입자
(에폭시 수지 등)

전극

**기초 화장**

**하도 도장**은 색 조가루 등의 화장이 잘 먹힐 목적으로 사용하는 **기초 화장**과 같다.

## 자동차의 중도, 상도 · · · 정전 도장

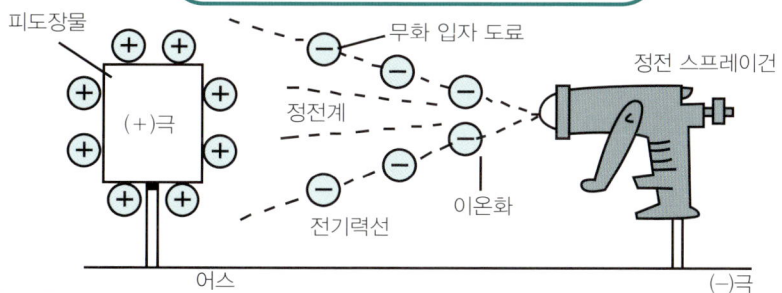

피도장물

무화 입자 도료

정전 스프레이건

정전계

(+)극

이온화

전기력선

어스

(－)극

정전 도장이란 어스한 피도장물을 +극, 도료 분무 장치를
－극으로 해 직접 고전압을 걸어 양극 사이에 정전계를 만들어 도료 미립자를
－로 대전시켜 도장하는 방법. 스프레이 도장의 일종.

## 자동차 강판 도막 구성 개략도(메탈릭 컬러의 경우)

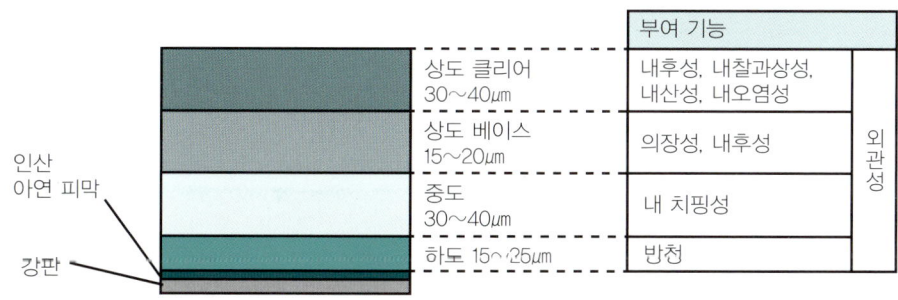

인산
아연 피막

강판

| | 부여 기능 | |
|---|---|---|
| 상도 클리어 30~40μm | 내후성, 내찰과상성, 내산성, 내오염성 | 외관성 |
| 상도 베이스 15~20μm | 의장성, 내후성 | |
| 중도 30~40μm | 내 치핑성 | |
| 하도 15~25μm | 방청 | |

# 37 환경친화적 자동차 도장이란?

VOC와 $CO_2$ 배출 억제를 위해

2006년 이후 대기오염 방지 관점에서 VOC(휘발성 유기화합물, 톨루엔 등의 유기 용제) 관련 법제화가 이루어졌다. 또한, 지구 온난화의 원인으로 지목받는 $CO_2$ 배출 감축도 요구되고 있다.

자동차 도장에서는 특히 상도 베이스 도료인 VOC량이 가장 많아 1980년대 후반부터 대책이 수립되어 북미에서는 하이브리드화가 도입되고 있으며 유럽에서는 수성화가 도입되고 있다. 2005년 무렵부터 국내에서도 급속한 수성화가 이루어졌다. 개발된 수성 도료는 메탈릭 도료의 외관 품질 유지를 위해 무화 입자 상태에서는 저점도가 되고 도료가 피도장물에 도착(塗着)하면 고점도가 되는 리올로지(Rheology) 특성이 있으므로 흘러내리는 불량이나 플레이크 안료의 얼룩 불량 등을 방지할 수 있다.

현재 보급되고 있지만 수분을 뺀 프리히트 공정이 필요할 뿐만 아니라 엄격한 온도 · 습도 조정 과제가 남아 있다. 중도의 **VOC 저감**에서 북미는 분체 도료, 유럽과 국내는 수성 도료를 지향하고 있다. 상도 클리어 도장은 도막 품질이 엄격해 VOC 대책에서 기술적 난이도가 가장 높다. 분체 클리어 도장 기술은 어느 정도 확립되어 있으므로 VOC 저감에서 이상적인 도료(기본적으로 VOC는 0)이다.

일부 채용 실적은 있지만 전용 도장 설비가 필요해 설비비가 비싸지고 도막 외관 품질에도 문제가 있어 전면적으로 사용할 때까지 시간이 걸릴 것 같다. 기타 수성 슬러리(Slurry), 2액 수성, 초하이브리드, UV 도료 등이 검토되고 있다.

$CO_2$ 배출 감축 차원에서 도장 공정상의 열에너지 절감을 위해 중도 열처리 공정을 없애고 [중도/상도 베이스/하도 클리어]를 겹칠해 단 한 번의 공정만으로 열처리하는 3웨트 방식이 유망하다. 외관 품질이 떨어지는 기술적 과제가 남아 있지만, 자동차 도장 공정상 근본적인 에너지 절감 대책으로 기대되는 기술이다.

❖Tip❖

ㅣ VOC 감축을 위한 수성 도료와 분체 도료
ㅣ 열에너지 절감으로 3웨트 도장을 통한 열처리 공정의 공정 수 단축

## 수성 도료에 의한 VOC 저감 효과

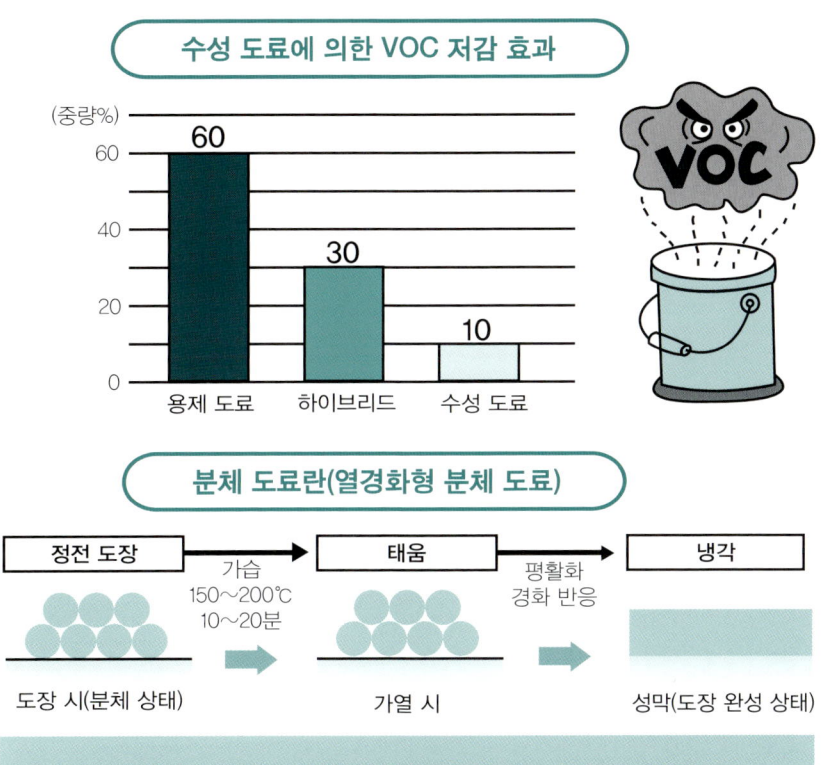

(중량%)

| | 60 | 30 | 10 |
|---|---|---|---|
| | 용제 도료 | 하이브리드 | 수성 도료 |

## 분체 도료란(열경화형 분체 도료)

정전 도장 → 가습 150~200℃ 10~20분 → 태움 → 평활화 경화 반응 → 냉각

도장 시(분체 상태)　　　　가열 시　　　　성막(도장 완성 상태)

분체 입자가 부착된 도장물을 오븐 안에 넣고 150~200℃로 가열한다.
가열된 분체 입자는 서서히 연화되면서 평활화된 후 경화됨으로써 도막을 형성한다.

## 3웨트 도장이란?

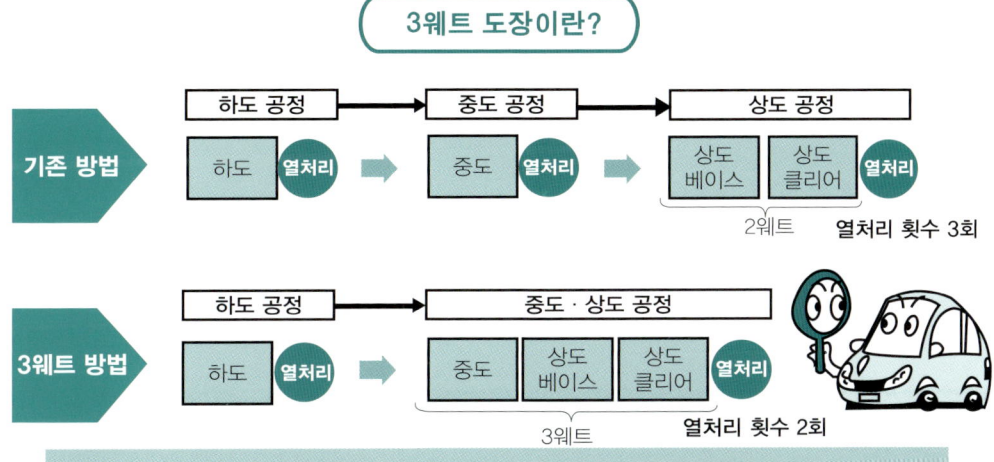

**기존 방법**

| 하도 공정 | 중도 공정 | 상도 공정 |
|---|---|---|
| 하도　열처리 | 중도　열처리 | 상도 베이스　상도 클리어　열처리 |

2웨트　열처리 횟수 3회

**3웨트 방법**

| 하도 공정 | 중도 · 상도 공정 |
|---|---|
| 하도　열처리 | 중도　상도 베이스　상도 클리어　열처리 |

3웨트　열처리 횟수 2회

3웨트 방법은 열처리 횟수가 1회 줄어 가열 에너지를 절감할 수 있다.

89

# 38 새빨간 포르쉐는 왜 붉게 보일까?

색이란 무엇인가? " 빛의 3원색 원리"

색은 자동차 보다 디자인과 함께 개인적인 기호에 많이 의존한다. 도료·도장은 자동차의 **콘셉트**와 **이미지**를 **색채**로 어떻게 표현할지에 대한 명제가 있다. 5장의 최종 항으로서 "색이란 무엇인가?"에 대해 복습하겠다. 인간은 가시광선 영역 전자파의 파장 차이를 인식할 수 있어 그것을 다양한 색으로 표현한다(다음 페이지 상단 그림).

하지만 각 색들을 나타내는 파장 영역은 물리적으로 정의된 것이 아니다. 예를 들어 등색을 구별하는 파장이 물리적으로 결정되어 있는 것이 아니라 어디까지나 빛에 의해 일어나는 인간의 생물학적 현상으로서 색을 느끼는 방법은 개인마다 다르다.

빛은 눈의 망막에 있는 추체(錐體) 세포를 통해 감지된다. 추체 세포는 흡수하는 빛이 파장 영역에 의해 3가지(청추체, 녹추체, 적추체)로 분류된다(다음 페이지 중앙 그림). 예를 들어 불꽃반응으로 나트륨에서 발산되는 589nm의 빛은 적추체와 녹추체를 자극하고 청추체는 거의 자극하지 않는다. 이 상태에서 신호가 뇌에 전달되면 우리는 그 빛을 황색으로 인식하는 것이다.

인간이 물체를 볼 수 있는 것은 태양광 등에서 방사된 빛이 물체 표면에서 반사되어 눈에 들어오기 때문이다. 물체 표면에서 가시광선 영역의 빛이 모두 반사되면 그 물체는 백색으로 보이고 모두 흡수되면 흑색으로 보이며 빛을 일부 흡수하면 그 물체는 색을 갖는다.

물체에 흡수되는 빛의 색과 그 물체가 보이는 색의 관계는 빛의 3원색 원리에 기초해 설명할 수 있다(하단 그림). 예를 들어 식물 잎이 녹색으로 보이는 것은 ②번 식에서 보듯이 잎의 클로로필(Chlorophyll) 색소가 청색 빛과 적색 빛을 흡수하기 때문이다. 새빨간 포르쉐가 새빨갛게 보이는 원리는 ④번 식에서 보듯이 청색 빛과 녹색 빛을 흡수하는 안료가 각각 도막 안에 들어 있기 때문이다. 여러분은 어떤 색의 차를 좋아하는가? 물론 나는 새빨간 포르쉐를 좋아한다.

 ❖Tip❖
ㅣ 색을 나타내는 파장 영역은 물리적이 아니라 생물학적
ㅣ 물체에 흡수되는 빛의 색과 그 물체가 보이는 색의 관계는 빛의 3원색 원리로 설명 가능

## 가시광선의 파장 및 그에 대응하는 색의 종류

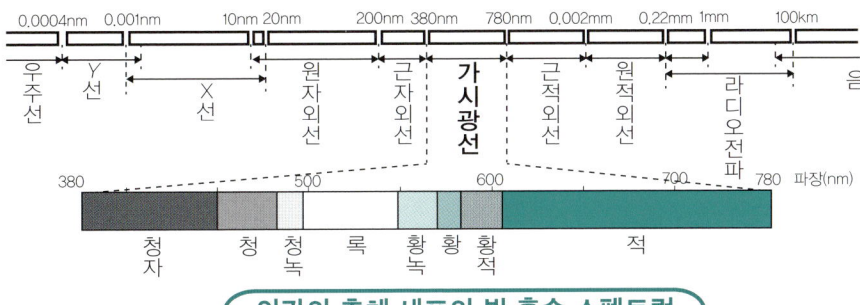

## 인간의 추체 세포의 빛 흡수 스펙트럼

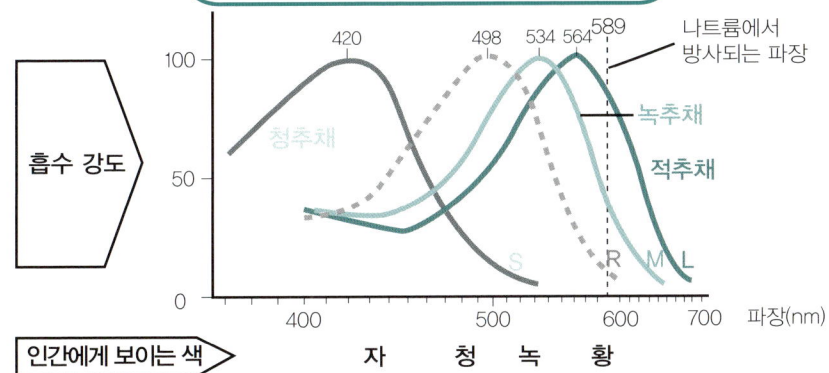

## 물체에 의해서 흡수되는 빛의 색과 그 물체가 보여지는 색과의 관계

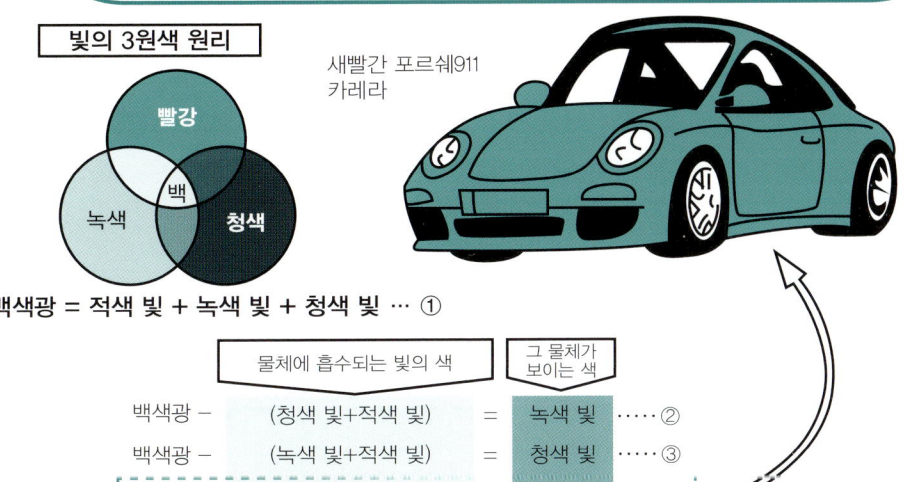

빛의 3원색 원리

새빨간 포르쉐911 카레라

백색광 = 적색 빛 + 녹색 빛 + 청색 빛 … ①

| 물체에 흡수되는 빛의 색 | | 그 물체가 보이는 색 | |
|---|---|---|---|
| 백색광 − | (청색 빛+적색 빛) = | 녹색 빛 | ……② |
| 백색광 − | (녹색 빛+적색 빛) = | 청색 빛 | ……③ |
| 백색광 − | (청색 빛+녹색 빛) = | 적색 빛 | ……④ |

# 이탈리아 최대의 기업 그룹
# 피아트, 그 창업자 조반니 아넬리

FIAT라는 회사명은 Fabbrica Italiana Automobili Torino의 머리글자를 딴 것으로 "토리노의 이탈리아 자동차 제작사"를 의미한다. "피아트는 땅으로 바다로 하늘로!"라는 슬로건으로 자동차뿐만 아니라 철도차량, 선박, 항공기 등의 제조업을 중심으로 금융, 출판 등 다각적으로 경영하고 있다. 과거에 "프랑스는 르노를 갖고 있지만 피아트는 이탈리아를 갖고 있다"라는 평가를 받을 만큼 이탈리아 최대 기업 그룹이다.

조반니 아넬리(1866~1945)와 몇몇 사업가가 출자해 1899년 토리노에서 창업했다. 조반니는 이탈리아 피에몬테주에서 읍장을 지내던 아버지 밑에서 태어났다. 사관학교에 입학해 군인이 되었지만, 아버지의 유지를 받들어 1895년에 읍장이 된다. 그리고 자동차회사 피아트를 창업해 대기업으로 발전시키고 스스로 사장에 취임한다.

제1차 세계대전을 계기로 이탈리아군에 군수품을 공급해 크게 성장했다. 디젤 엔진, 항공기, 트랙터, 철도차량 등을 생산하면서 종업원만 3만 명이 넘을 정도로 커졌다. 조반니는 독재자 무솔리니를 지지하면서 자신도 파시스트당 상원의원이 된다. 제2차 세계대전이 일어났을 때도 이탈리아 군수산업의 중심적인 존재였으므로 패전 후 이탈리아 개방위원회에 의해 다른 직책과 함께 피아트에서 추방당한다.

그 후 피아트 경영은 손자 잔니 아넬리가 이어받는다. 당시 이탈리아에는 자동차 제작사들이 난립한 상태였는데 잔니는 란치아, 페라리, 알파로메오, 마세라티, 아우토비앙키 등을 하나씩 편입시키면서 피아트를 이탈리아 최대 자동차 제작사로 발전시킨다. 현재 피아트 본사는 소형과 중·대형 승용차, 산하 제작사는 고급차와 스포츠카를 생산하고 있다.

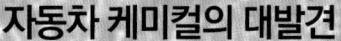

# 6

## 전지의 역사와 전기 자동차(EV) 및 하이브리드 자동차(HEV)용 전지

# 39
## 100년 전 유행한 전기 자동차
### 증기 자동차, 전기 자동차, 가솔린 자동차의 경쟁

1834년 미국의 대븐포트는 실용적인 직류 모터를 발명하고 이듬해 볼타 전지를 장착해 레일 위를 달리는 모형 전기 기관차를 공개 실험했다. 그 해는 '철도의 아버지'로 불리는 영국의 스티븐슨이 발명한 증기 기관차 '로코모션 1호'가 스톡턴과 달링턴 간 운전에 성공한 지 9년 후인 동시에 프랑스의 퀴뇨가 세계 최초로 수레 증기 자동차를 시운전한지 66년 후이다.

**도로 주행**이 가능한 **최초**의 **전기 자동차**는 1881년 파리 국제박람회에서 트루베에 의해 전시되었다. 1897년 미국 뉴욕에서는 모리스와 살롬이 전기 자동차를 이용한 택시 창업을 했다. 당시 유럽과 미국에서 증기 자동차와 전기 자동차가 보급되기 시작한 배경에는 대도시의 인구 밀도가 높아져 도시에 마차가 급증하면서 사회 문제가 된 분뇨 공해가 있다.

당시 자동차는 "말 없는 차(Horseless Carriage)"로 불리며 증기 자동차, 전기 자동차, 가솔린 자동차가 패권을 다투었다. 전기 자동차는 시동 걸기가 간단하고 진동과 소음, 배기가스의 냄새가 없으며 기어 변속도 필요없어 운전 조작이 쉽다는 장점 덕분에 주로 미국에서 보급되었다.

1899년 벨기에의 제나츠가 만든 전기 자동차 '자메 꽁땅뜨(Jamais Contente)'는 최고 시속 106km를 기록하기도 했다. 당시 전력 공급 사정을 보면 1866년에 독일의 지멘스가 다이나모 방식의 발전기를 획기적으로 개량하고 1870년에 그램(Gramme)이 그것을 실용화했다.

1879년에 미국에서는 에디슨이 백열전구를 발명하고 2년 후 뉴욕시에서 세계 최초의 전등사업(직류 전류)이 시작된다. 1886년에는 변압기를 이용한 교류 배전에 성공하면서 교류 발전소가 건설되어 오늘날에 이르고 있다.

전기 자동차는 가솔린 자동차가 등장하면서 자취를 감추었지만 21세기인 오늘날 다시 주목받고 있다. 이 장에서는 전지의 발전 역사와 자동차용 전지의 변천을 살펴보겠다.

**❖Tip❖**
| 증기 자동차 이후 전기 자동차 탄생
| 전기 자동차도 유럽에서 태어나 미국에서 보급됨
| 가솔린 자동차의 등장으로 둘 다 쇠퇴

## 증기 자동차와 전기 자동차가 등장한 이유

유럽과 미국의 도시에서 마차가 급증

말 분뇨 공해 문제화

말 없는 수레
(Horseless Carriage) 등장

① 증기 자동차(24항 참조)
② 전기 자동차

## 주행 시속 100km를 기록한 전기 자동차

Jamaisi Contente
(자메 꽁땅뜨) 1899년

벨기에의 발명가 제나츠가 발명한 Jamaisi Contente. 1899년 파리 근교에서 제나츠 자신이 운전한 자메 꽁땅뜨는 주행 시속 106km를 기록. 세계 최초의 자동차에 의한 시속 100km 초과는 전기 자동차에 의해 달성되었다. Jamaisi Contente는 프랑스어로 "결코 만족하지 않는다"라는 의미이다.

## 스티븐슨의 증기 기관차

죠지 • 스티븐슨
(1781~1848)

1825년 조지 스티븐슨이 영국 스톡턴과 달링턴 간 운전에 성공한 증기 기관차 '로코모션' 1호.
80톤의 석탄을 견인해가며 2시간 동안 15km를 주행했다. 최고 시속은 39km, 여객차량도 연결되어 있었다.

로코모션 1호

달링턴

# 40 바그다드 전지는 정말 있었을까?
### 고대인이 금 도금의 전원으로 사용했다?

전지의 역사는 기원전 250년 무렵 만들어진, 바그다드 전지라는 토기 단지까지 거슬러 올라가야 할지도 모른다. 1932년 이라크 수도 바그다드 근교의 트럼퍼 유적에서 발견되어 이런 이름이 붙었다. 이 토기 단지는 축문이 적힌 3개의 그릇과 함께 발견되었다. 높이는 약 10cm, 최대 직경은 약 3cm로 점토를 구운 질그릇 토기이다.

다음 페이지 상단 그림에서 보듯이 이 단지 안에 아스팔트(원유가 굳은 천연 재료)로 고정된 얇은 구리관이 들어가 있고 그 안에 철심이 끼워져 있으며 입구는 아스팔트로 막혀 있었다. 또한, 단지 바닥에는 전해액으로 추정되는 액체의 흔적이 있었다.

발굴 당시 용도 불명의 출토물로만 여겨졌지만 6년 후 갈바니 전지(다음 항 참조)의 일종일지도 모른다는 내용의 논문이 이라크 국립박물관의 독일인 연구원에 의해 발표되면서 독일 화학회사 보쉬가 복원 실험에 나섰다. 당시 존재했을 것으로 추정되는 초(酢)나 와인을 전해액으로 사용했더니 구리관과 철심 사이에 미약하나마 0.9~2.0볼트의 전압이 생겼다. 다만 이 복원 실험에서 단지나 구리관 등은 모의 제품을 이용했고 단지 입구를 봉한 아스팔트는 제거해 원리만 복원한 실험이었다.

전해액으로 포도 과즙을 이용해 전압을 얻는 실험에서는 시안화금(Cyanide化金) 용액에 담근 은제품을 수 시간 동안 금 도금 가공을 시키는데 성공했다. 이 사실로 미루어 이 단지가 금속 제품 같은 장식품의 금 도금용 전원으로 사용되었을 것이라는 주장이 제기되었다.

물론 반론도 많다. 같은 시기의 다른 유적에서 발굴된 단지에서 파피루스 섬유가 확인된 것을 근거로 이것은 종교적 기도문 두루마기를 묻어두는 단지일 뿐이고 철심은 두루마기의 심지이며 구리관은 보호 용기라는 반론이다.

❖Tip❖

I 철심은 양극, 구리관은 음극?
I 전해액은 포도 과즙?

## 바그다드 전지의 구조

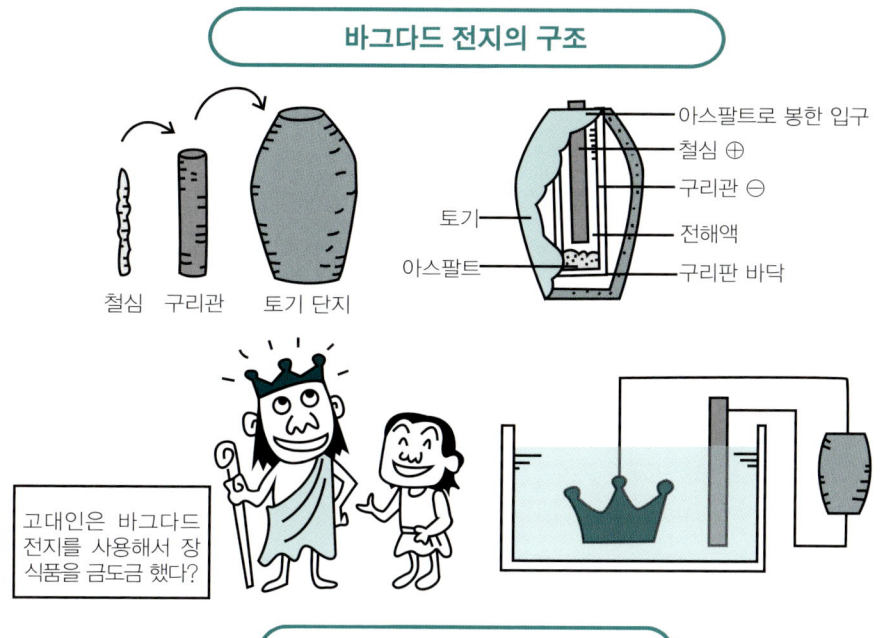

철심  구리관  토기 단지

아스팔트로 봉한 입구
철심 ⊕
구리관 ⊖
전해액
구리판 바닥

토기
아스팔트

고대인은 바그다드 전지를 사용해서 장식품을 금도금 했다?

## 전지의 역사

| 년도 | 발명내용 |
| --- | --- |
| 기원전 250년 경 | 이라크 유적지에서 발굴된 단지가 전지였다는 설이 있다. |
| 1780년 | 갈바니 전지. 개구리 다리에 2개의 철사를 넣어 생긴 경련에서 발견 |
| 1800년 | 볼타 전지. 세계 최초의 전지로 간주된다. |
| 1836년 | 다니엘 전지. 실용적으로 사용할 수 있는 최초의 정상적인 전지. |
| 1839년 | 글로브가 연료 전지 발명 |
| 1859년 | 가스통 플랑테가 납축전지 발명. |
| 1867년 | 르클랑셰가 망간 건전지의 토대인 르클랑셰 전지 발명. |
| 1887년 | 일본인 야이 사키조가 건전지 발명. |
| 1888년 | 가스너가 오늘날의 건전지에 가까운 전지 발명. |
| 1899년 | 융너가 니켈카드뮴 전지 발명. |
| 1940년 | 안드레가 산화은 알칼리 축전지 발명. |
| 1951년 | 뉴먼이 니켈카드뮴 전지 밀폐화 기술 개발. |
| 1960년대 | 비수(非水) 전해액의 리튬 전지 연구 본격화. |
| 1965년 | 연료 전지, 제미니 5호의 전원으로 채택 |
| 1969년 | 아폴로 우주선에 연료 전지 사용 검토. |
| 1970년대 | 수소 저장 합금의 전지 적용 검토. |
| 1970년대 후말 | 전기 이중층 커패시터 실용화. |
| 1987년 | 리튬금속을 이용한 Moli 에너지 전지 개발 |
| 1990년 | 니켈수소 전지 양산 시작. |
| 1991년 | 소니가 $LiCoO_2$/카본 전지 양산 시작. |
| 1997년 | 도요타 자동차가 양산한 HEV로 프리우스 판매 시작. |
| 1998년 | 캘리포니아 주가 ZEV(Zero Emission Vehicle)법 공표. |
| 2000년대 | 니켈수소 전지를 이용한 HEV의 보급기 도입. |
| | 납전지를 이용한 아이들링 스톱 자동차 양산. |
| | 리튬 전지를 탑재한 양산 EV 판매. |

# 41 개구리 해부에서 발견한 갈바니 전지

아내의 병 요양을 위한 개구리 요리가 계기

갈바니는 이탈리아 볼로냐 출신의 의사이자 해부학자이다. 1780년 개구리 해부 당시 고정용과 절단용 2개의 철사를 죽은 개구리의 다리에 넣었더니 다리가 꿈틀대는 것을 발견. 개구리 다리 속에 전기가 발생하는 "갈바니의 발견"은 전지 발견의 도화선이 되었다. 약 10년 전 갈바니는 이 발견의 전조를 발견했다. "개구리 다리에 정전기를 통하면 개구리 다리가 경련을 일으키는 발견"이다.

이 발견에는 다음 일화가 있다. 갈바니의 부인이 몸이 아파 요양차 개구리를 먹이려고 했다. 갈바니가 개구리 요리를 직접 만들기 위해 다리 껍질을 벗긴 채 놔두었는데 우연히 정전기가 개구리 다리에 흐르면서 이 사실을 발견했다. 이 사건을 계기로 갈바니는 요리가 아닌 해부학적으로 개구리 껍질을 벗기고 개구리 다리의 근육 경련과 정전기의 관계에 대해 10년 동안 연구했다.

일련의 실험을 반복하면서 정전기를 통하지 않았는데도 개구리 다리가 경련을 일으키는 경우도 있었다. 가장 중요한 발견은 구리와 아연처럼 2개의 다른 금속(철사)을 조합해 개구리 다리에 넣었더니 개구리 다리가 꿈틀대는 "갈바니의 발견"이다.

그는 이 놀라운 현상을 개구리의 뇌수가 보내는 동물 전기 때문으로 이해했다. 이 동물 전기설은 신경을 거쳐 근육으로 흘러가 근육 표면과 내부가 +, − 반대인 전하를 띰으로써 금속을 신경에 접촉시키면 방전이 일어나 근육이 경련을 일으킨다는 내용이다.

그의 논문 "전기 작용에 대해"는 유럽 학회나 일반시민들 사이에서 말 그대로 '전기' 같은 충격을 주었다. 그의 동물 전기설이 과학자들에게 불러일으킨 후폭풍은 동시대에 불어닥친 프랑스 대혁명에 필적할 만했다. 볼타만 그 설을 의심하고 있었다.

❖Tip❖
I 개구리 다리에 정전기를 흘리면 경련한다.
I 2개의 이종 금속을 넣어도 경련한다.
I 갈바니가 주창한 "동물 전기설"

## 갈바니의 전지란

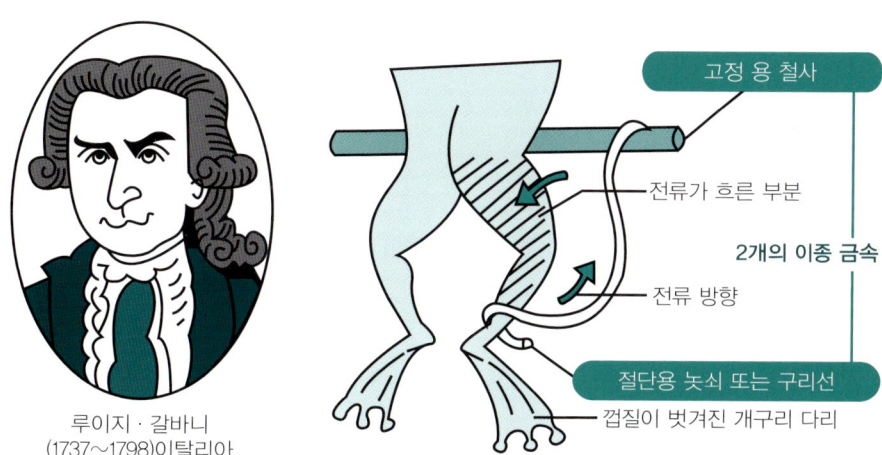

고정 용 철사

전류가 흐른 부분

2개의 이종 금속

전류 방향

절단용 놋쇠 또는 구리선

껍질이 벗겨진 개구리 다리

루이지 · 갈바니
(1737~1798)이탈리아

## 볼로냐의 갈바니 기념비

볼로냐대학 방향의 갈바니광장
에는 갈바니의 대형 대리석상
이 있다.
갈바니의 왼손이 개구리 다리
를 얹은 해부대를 잡고 있는 것
이 특징이다.

갈바니(Galvani)가 어원인 영어 단어
'galvanize'는 현재 다음 의미로 사
용되고 있다.

① ～에 전기를 통한다.
② 아연 도금하다.
③ (사람들)에게 충격을 주다.

# 42 "동물 전기설"이 아니라 "금속 전기설"

나폴레옹이 칭찬한 세계 최초의 볼타 전지

갈바니의 연구를 발전시켜 세계 최초의 전지를 발명한 인물은 같은 이탈리아인으로 거의 동시대를 살아온 볼타였다. 볼타는 연구 시작 초기 갈바니의 "동물 전기설"을 믿었다. 그러나 얼마 안가 개구리 다리가 경련을 일으킨 원인인 전기의 발생원이 개구리의 척수가 아닌 외부 금속이라고 생각하게 되었다.

그 근거는 1750년 독일 수학자 줄차가 보고한 현상이다. 볼타는 그 현상을 자신의 혀로 재현해 실험했다. 자신의 혀끝에 은박지 조각을 놓고 혀 밑에 은화를 놓은 다음 두 금속을 도선으로 연결했더니(다음 페이지 상단 좌측 그림) 혀에서 강한 신맛이 느껴졌다. 이 실험을 통해 "전기의 발생원은 금속이고 동물의 신경은 그것을 받는 쪽"이라고 생각했다. 1794년 그는 갈바니의 "동물 전기설"에 대해 금속 전기설을 주장한다.

다음 페이지 상단 우측 그림에서 보듯이 볼타는 다양한 물질에 대한 전압 배열을 발표했다. 2개의 물질을 조합해 접촉시켰을 때의 전기적 작용 강도는 이 배열에서 물질이 서로 떨어져 있는 만큼 커진다는 사실도 발견했다. 이것은 오늘날 이온화 경향의 원형이기도 하다.

이와 같이 다른 물질을 접촉만 시켜도 전기를 발생시킨다는 생각은 볼타 전지로 승화된다. 또한, 그는 접촉 전위차에는 가산성(加算性)이 성립한다는 사실도 발견함으로써 오늘날의 전극 전위 관련 규칙성도 예견했다. 볼타가 전기 화학의 기초를 닦은 것이다.

볼타는 1800년 음극에 아연, 양극에 구리, 전해액으로 식염수나 유산(硫酸)을 이용해 볼타 전지를 발명했다. 세계 최초의 전기가 탄생한 것이다. 볼타 전지의 발명은 서구 각국에 큰 반향을 불러일으키며 많은 칭송을 받았다. 특히 나폴레옹은 파리로 볼타를 초대해 레지옹 도뇌르상과 금패를 하사하고 1810년에는 백작 작위까지 수여했다.

❖Tip❖
I "동물 전기설"을 부정하며 "금속 전기설"을 제창
I 세계 최초로 전지 발명
I 전기 화학의 기초 구축

## 볼타의 실험

우와 신맛이다!

혀

은박지 종이

은화

구리선

## 볼타의 전지 예

(이온화 경향의 원형)

❶

아연 > 주석 > 납 > 철 > 구리

❷          ❸

> 백금 > 금 > 은 > 흑연 > 목탄

## 접속 전위차의 가산성

(표준 전극 전위의 선구)

❶ 아연과 구리의 전위차 =
❷ 아연과 납의 전위차 + ❸ 납과 구리의 전위차

## 볼타 전지의 구조

【음극】 아연 Zn ⊖

기전력
1V

전해액

음극 Zn
양극 Cu

1 엘리멘트

⊕ 【양극】구리 Cu

### 음극의 반응

$Zn \rightarrow Zn^{2+} + 2e^-$

### 양극의 반응

$2H^+ + 2e^- \rightarrow H_2$

### 문제점

양극의 구리 Cu가 수소가스 $H_2$의 거품에 덮이면서 결국 전기가 흐르지 않게 된다.

이탈리아

볼타
(1745~1827)

수상

프랑스

나폴레옹
(1769~1821)

# 43 기전력이 약화되지 않는 다니엘 전지

11월 11일은 "전지의 날"

볼타가 발명한 전지는 획기적이었다. 이 전지는 다른 과학자들에게 귀중한 전원을 공급함으로써 전기 화학 이외의 다른 과학 분야의 발전에도 공헌했다. 예를 들어 영국 화학자 데이비(1778~1829, 전자 유도 법칙을 발견한 패러데이의 스승)는 대규모 볼타 전지를 만들어 그것을 이용해 전기 분해시켜 나트륨, 칼륨, 칼슘 등의 원소를 단리(單離) 하는데 성공한다. 하지만 볼타 전지에도 문제가 있었다.

볼타 전지는 음극에 아연, 양극에 구리, 전해액으로 묽은 황산(希硫酸)을 이용했는데 양극에서 수소가 발생했다. 그 때문에 양극의 구리가 수소가스 거품에 덮이면서 전자를 주고받기 어려워져 결국 전기가 흐르지 않는 것이었다(이 현상을 "분극"이라고 불렀다). 즉, 볼타 전지는 전류가 일정한 값을 유지하지 못하고 시간이 갈수록 감소하는 비정상적인 전지였다.

이 문제점을 해결함으로써 세계 최초로 **정상적인 전지**를 발명한 인물이 영국의 화학교수 다니엘이었다. 1836년에 다니엘이 발명한 전지는 2가지 전해액을 이용했다. 양극에는 전극으로 구리, 전해액으로 유산(硫酸) 구리 수용액 $CuSO_4$을 이용했다. 음극에는 전극으로 아연, 전해액으로 유산 아연 수용액 $ZnSO_4$을 이용했다. 그리고 2가지 전해액이 혼합되지 않도록 질그릇 판이나 양피지, 포장지 등의 다공질 물질로 분리함으로써 안정적인 기전력을 지속할 수 있었다.

이 전지에서는 양극의 구리 표면에서 수소가 발생하지 않고 구리가 석출(析出)하기 위해 분극이 발생하지 않아 안정적인 기전력이 지속되었다. 독일의 옴은 이 전지를 이용해 "옴의 법칙"을 발견했다. 그런데 11월 11일이 무슨 날인지 알고 있는가? 11월 11일을 한자로 쓰면 +(플러스)−(마이너스)+(플러스)−(마이너스)가 되어 전지의 양·음극을 나타내므로 "전지의 날"로 제정된 것이다.

❖Tip❖
Ⅰ 볼타 전지는 기전력이 서서히 감소한다.
Ⅰ 양극에 발생하는 수소 때문
Ⅰ 수소 발생을 2가지 전해액으로 방지한 다니엘

## 다니엘전지의 원리

$(-)$ Zn | ZnSO₄ aq ‖ CuSO₄ aq | Cu $(+)$

전체 반응 : $Zn + Cu^{2+} \rightarrow Zn^{2+} + Cu$

양극에 수소가 발생하지 않는다!

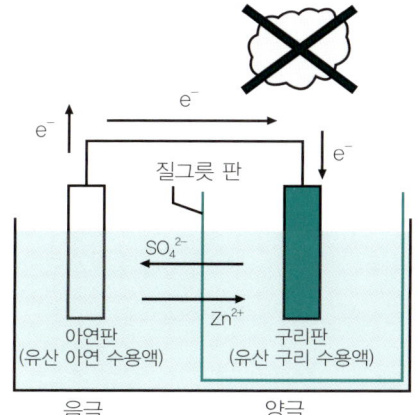

e⁻
e⁻
e⁻
질그릇 판
$SO_4^{2-}$
$Zn^{2+}$
아연판
(유산 아연 수용액)
구리판
(유산 구리 수용액)
음극
양극

양극 동 Cu
전해액, 황산 동 수용액 $CuSO_4$
$$Cu^{2+} + 2e^- \rightarrow Cu$$

양극 아연 Zn
전해액 황산 아연 수용액 $ZnSO_4$
$$Zn \rightarrow Zn^{2+} + 2e^-$$

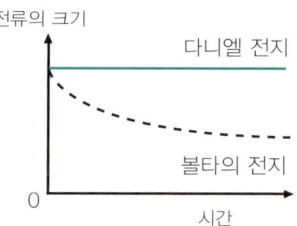

전류의 크기

다니엘 전지

볼타의 전지

0

시간

## 존 프레데릭 다니엘의 공적

(1790~1845)
영국

1820년: 다니엘 습도계 발명
1930년: 구리–아연 열전대(熱電對) 발명
1831년: 런던대학 최초의 화학교수로 취임
1836년: 다니엘 전지 발명

## 자동차 화학 관련 기념일

① 자동차의 탄생일
1886년 1월 29일

② 화학의 날
10월 23일

③ 전지의 날
11월 11일

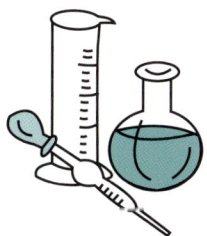

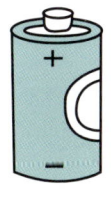

# 44 습식 전지에서 건식 전지로 패러다임 변화

　　다니엘 전지가 개발된 지 약 30년 후인 1867년 프랑스의 르클랑셰는 오늘날의 망간 건전지의 원형인 르클랑셰 전지를 발명했다. 이 전지는 양극에 탄소 C, 음극에 아연 Zn을 이용하고 전해액으로 이산화망간, 염화암모늄 수용액을 이용했다(다음 페이지 상단 그림). 이 전지는 음극의 전해액이 염화암모늄 수용액이므로 **습식 전지**이다.

　　양극의 이산화망간에 의해 수소는 산화되어 물이 되므로 수소가스가 발생하지 않아 오래 사용할 수 있게 되었다. 이 전지는 1.4~1.6볼트의 기전력을 만들면서 장시간 전류를 공급할 수 있어 당시 전신이나 전화의 전원으로 사용되었다. 당시 이 전까지 전화는 오래 사용하면 상대방의 목소리를 듣기 점점 어려워지는 현상이 일어났다.

　　전원으로 이용했던 전지의 분극이 원인이었다. 르클랑셰 전지는 분극이 발생하지 않아 급속히 보급되었다. 하지만 염화암모늄 수용액이 새고 그것이 금속을 부식시키면서 사용할 수 없게 되는 큰 문제점이 발생해 일상생활에서의 사용이 곤란했다. 훗날 기술자들의 노력으로 개선되면서 오늘날의 망간 건전지로 발전했다.

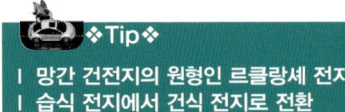

❖Tip❖

ㅣ 망간 건전지의 원형인 르클랑셰 전지
ㅣ 습식 전지에서 건식 전지로 전환

## 르클랑셰 전지란…망간 건전지의 원형

음극    양극

아연 전극    탄소 전극

이산화망간

다공질 용기

염화암모늄
수용액

유리 용기

프랑스

조르주 르클랑셰
(G. Leclanche)
(1839~1882)

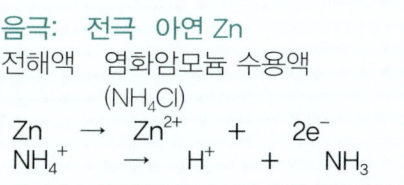

음극:  전극  아연 Zn
전해액  염화암모늄 수용액
　　　　(NH$_4$Cl)

$Zn \rightarrow Zn^{2+} + 2e^-$
$NH_4^+ \rightarrow H^+ + NH_3$

수소 이온 H$^+$는 다공질 용기를 지나
이산화망간 쪽으로 끌려간다.

양극:  전극  탄소  C
전해액 이산화망간(MnO$_2$)

$2MnO_2 + 2H^+ + 2e^-$
$\rightarrow Mn_2O_3 + H_2O$

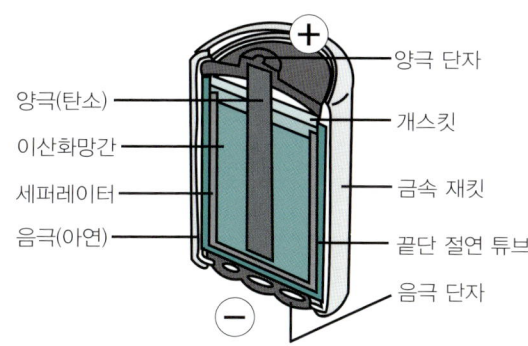

양극(탄소)

이산화망간

세퍼레이터

음극(아연)

＋ 양극 단자

개스킷

금속 재킷

끝단 절연 튜브

음극 단자

－

## 사용하고 버리는 전지에서 충전할 수 있는 전지로

"재생 가능"한 연료보다 전지가 선배

바그다드 전지에서 시작해 르클랑셰 전지까지 살펴보았는데 이 전지들은 모두 1차 전지라고 불린다. 1차 전지는 전지가 방전되어 방전 생성물을 만들고 역기전력에 의해 전압이 서서히 떨어짐으로써 일정 한도 이하에서 역할을 못해 그 시점에서 수명이 끝난다. 즉, 사용하고 버리는 전지이다. 반면, 2차 전지는 축전지나 충전식 전지라고도 하는데 충전해 반복 사용할 수 있다. 오늘날 일반적으로 충전식 전지를 줄여 **충전지**라고 부른다. 1859년에 프랑스 가스통 플랑테에 의해 발명되었다.

플랑테가 만든 초기 납축전지는 2장의 납판(Pb) 사이에 2개의 고무띠를 끼워 원통형으로 감은 것을 묽은황산 속에 넣은 구조이다. 양극에는 이산화납, 음극에는 납을 사용했다(다음 페이지 상단 그림). 약 2.1볼트의 기전력이 나온다.

다니엘 전지와 달리 반복 충전해 사용할 수 있어 이후 세계 각지에서 납축전지를 개량한 결과 자동차 전지가 탄생함으로써 오늘날 자동차 세계에서 없어선 안 될 존재가 되었다.

좌측 하단 그림은 납축전지의 방전과 충전 원리이다. 산화 = 전자 상실, 환원 = 전자 취득을 의미하는 화학 산화·환원 반응이 양극과 음극에서 일어나는 식이다. 1899년에 스웨덴 융너는 니켈카드뮴 축전지를 독자 개발했다. 전해액으로 수산화칼륨 수용액, 양극에는 니켈수산화물, 음극에는 카드뮴 분말을 이용했다.

저온에서 급속 충전 성능이 뛰어나고 적정 온도 범위가 −50~70℃나 될 만큼 넓고 자기 방전이 적은 장점들이 있다. 또한, 2차 전지라고 해도 수명은 있는데 니켈카드뮴 축전지의 수명은 납축전지의 수명보다 4배나 길다. 기전력은 1.2볼트이다.

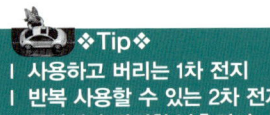

❖Tip❖
| 사용하고 버리는 1차 전지
| 반복 사용할 수 있는 2차 전지
| 플랑테가 발명한 납축전지

## 가스통 플랑테의 납축전지 구조

음극 납 Pb
양극 이산화납 $PbO_2$
2개의 고무띠
고무 마개
납판
기전력 약 2.1V
납판
묽은황산 $H_2SO_4$

축전의 아버지
가스통 플랑테
(1834~1889)
프랑스

가스통 플랑테가 개발한 초기 납축전지는 2장의 납판(Pb) 사이에 2개의 고무띠를 끼워 원통형으로 감아 만들어 묽은 황산 속에 넣은 구조이다. 양극에는 이산화납, 음극에는 납을 사용한다.

## 납축전지의 방전과 충전의 원리

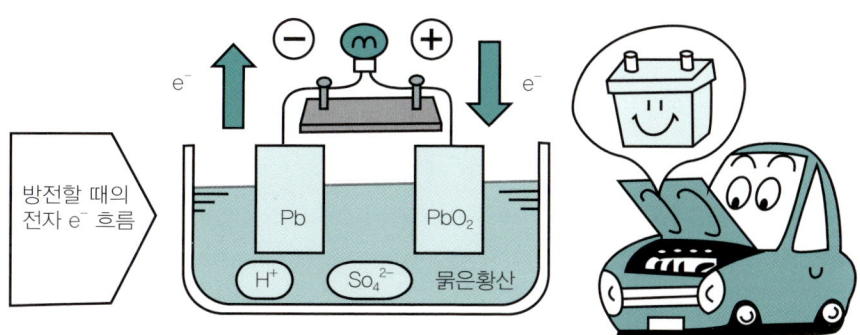

방전할 때의 전자 e⁻ 흐름

$e^-$　$\ominus$　$\oplus$　$e^-$

Pb　$PbO_2$
$H^+$　$SO_4^{2-}$　묽은황산

| | 음극 | 양극 |
|---|---|---|
| 방전시 | $Pb+SO_4^{2-} \rightarrow PbSO_4 +2e^-$ | $PbO_2+4H^++SO_4^{2-}+2e^-\rightarrow PbSO_4+2H_2O$ |
| | Pb는 전자를 잃어 산화된다. | $PbO_2$는 전자를 얻어 환원된다. |
| 충전시 | $PbSO_4+2e^-\rightarrow Pb+SO_4^{2-}$ | $PbSO_4+2H_2O\rightarrow PbO_2+4H^++SO_4^{2-}+2e^-$ |
| | $PbSO_4$는 전자를 얻어 환원된다. | $PbSO_4$는 전자를 잃어 산화된다. |

# 46 아이들링이 멈춘다? 아이들링 스톱 차량용 납전지

고전압화가 진행되는 자동차용 전원

플랑테가 납전지를 발명한 이후 뛰어난 그 실용성 덕분에 150여 년이 지난 오늘날에도 자동차용 및 비상용 전원이나 전동 지게차 등의 산업용으로 널리 이용되고 있다. 특히 자동차에서는 엔진룸 안의 고온 환경에 따른 내구성, 저온 시동성이 우수해 부동의 지위를 지켜왔다.

내연기관을 이용한 자동차에 납전지를 사용한 것은 1920년 무렵으로 전기 자동차보다 약 20년 후의 일이다. 당시 자동차는 전기로 움직이는 장치가 적어 전기 부하라고 해봐야 시동 장치(Stating System)와 조명 장치(Lighting System), 점화 장치(Ignition System)뿐이었다. 따라서 전압은 6볼트로도 충분해 이 전기 장치들의 머리글자를 따 "SLI 전지"라고 불렀다. 1950년대 들어 전기 장치의 수가 서서히 증가하면서 전압이 오늘날의 12볼트로 높아졌다.

오늘날 유리창 개폐, 미러 조정, 슬라이드 도어 개폐 등에 100개 이상의 모터를 사용하고 있다. 또한, 오디오 장치, 내비게이션 시스템 등과 더불어 전동 파워스티어링, 전동유압식 브레이크, 최근에는 아이들링 스톱 시스템 등의 파워트레인 계통 장치까지 전기 부하를 주고 있다. 이처럼 전기 부하가 늘어나는 상황을 배경으로 유럽 고급차를 중심으로 자동차 전원 42볼트화가 한때 주장된 적이 있었다.

'50년에 한 번 일어날까 말까'라고 할 만큼 대변혁으로 간주되었던 42볼트화는 이후 목소리가 약간 작아지면서 아직도 자동차 납전지는 12볼트가 주류이다. 하지만 어느 쪽이든 12볼트와 36볼트 2가지 전원화나 36볼트 1가지 전원화 시대가 올 것으로 예상된다.

하이브리드 자동차(HEV)는 고전압용으로 니켈수소 전지나 리튬이온 전지를 이용하지만 보조 장치용 전원으로는 반드시 12볼트 납전지를 탑재하고 있다. 이처럼 기존 자동차는 물론 HEV, 전기 자동차, 연료 전지 자동차 등의 차세대 자동차도 앞으로도 보조 장치용 전원으로 납전지를 탑재할 것으로 예상된다.

❖Tip❖
❙ 가솔린 자동차 탄생 당시 전지는 6볼트였다.
❙ 오늘날 12볼트가 주류이지만 고전압이 진행 중이다.
❙ 차세대 자동차도 보조 장치용 전원으로 납전지를 탑재한다.

## 아이들링 스톱이란?

아이들링스톱이란 자동차가 불필요한 아이들링을 하지 않는 것으로 주정차나 신호대기 시 엔진을 정지시켜 연료 절약을 위한 시스템이다.

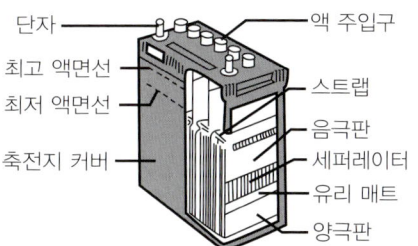

- 단자
- 최고 액면선
- 최저 액면선
- 축전지 커버
- 액 주입구
- 스트랩
- 음극판
- 세퍼레이터
- 유리 매트
- 양극판

## 아이들링 스톱 자동차용 축전지가 갖추어야 할 성능

① 아이들링 스톱 중일 때의 전기 부하를 전지에서 공급하기 때문에 과충·방전에 대한 내구성을 갖추어야 한다.
② 엔진을 재시동할 때 대전류 방전이 필요해 엔진 재시동에 대한 신뢰성을 확보하기 위해 낮고 안정적인 내부 저항을 갖추어야 한다.
③ 계속 방전된 전력을 회복하기 위한 충전 성능을 갖추어야 한다.

## 하이브리드 자동차(HEV)의 시스템 구성

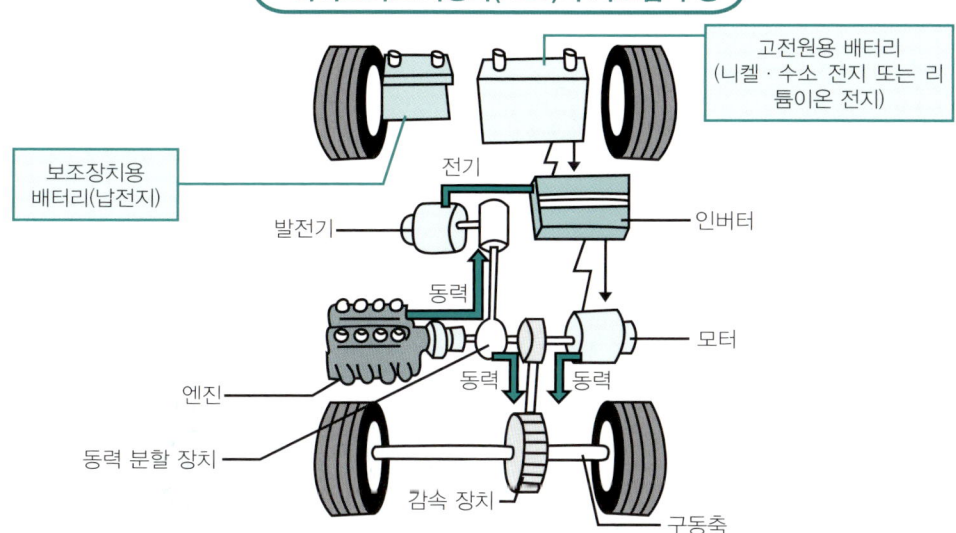

- 고전원용 배터리 (니켈·수소 전지 또는 리튬이온 전지)
- 보조장치용 배터리(납전지)
- 전기
- 발전기
- 인버터
- 동력
- 모터
- 엔진
- 동력
- 동력
- 동력 분할 장치
- 감속 장치
- 구동축

# 47 리튬이온 전지로 주목받는 미즈시마 박사와 요시노 박사

리튬(Li)이온 2차전지 개발의 역사

Li은 모든 원소 중 가장 낮은 표준 전극 전위 −3.04볼트를 나타낼 뿐만 아니라 비중이 0.53으로 가벼운 것이 특징이다. 이 특징을 살린 리튬이온 2차 전지(이하 리튬이온 전지) 개발이 1970년대 시작되었다. 1979년에 미즈시마 고이치 박사팀은 양극에 쓸 리튬과 산화코발트의 화합물인 코발트산 리튬을 발견했으며 1981년 산요 전기는 리튬을 흡장할 수 있는 흑연탄소질을 음극에 제안했다.

같은 시기에 아사히 카세이사의 요시노 아키라 팀은 2000년 노벨 화학상을 수상한 시라카와 히데키 박사가 발견한 도전성(導電性) 고분자 폴리아세틸렌을 음극, 리튬을 포함한 다층 구조의 복합 화합물을 양극, 유기 용매를 전해액으로 사용하는 **리튬이온 전지**의 기본 구조를 만들어냈다. 하지만 폴리아세틸렌을 음극제 재료로 쓰기에는 불안정했으므로 카본 음극 등의 개량을 통해 오늘날의 리튬이온 전지에 가까운 것이 완성되었다.

1991년 소니 에너지텍이 세계 최초로 **리튬이온 전지 양산화**에 성공한다. 이 전지는 니켈수소 전지보다 2~3배 무거운 에너지를 저장할 수 있어 순식간 각종 휴대기기용 전지로 확산되었다. 현재 일반기기용으로 출하되는 2차 전지 중 약 ⅔의 수량을 리튬이온 전지가 차지하고 있으며 시장 규모는 10조 원에 달한다. 자동차용으로 사용되는 리튬이온 전지는 1997년에 닛산이 법인용으로 30대를 리스 판매한 전기 자동차(프레리EV)에 처음 적용되었다.

Li의 표준 전극 전위는 −3.04볼트로 칼륨의 −2.93볼트보다 작은 데도 불구하고 40년 전 필자가 대학 입학시험 당시 암기한 "이온화 경향 암기법"에는 Li이 들어 있지 않았다. Li이 현재만큼 관심을 끌지 못했기 때문일 것이다. 그래서 Li을 포함한 이온화 경향에 대해 필자가 했던 암기법을 제안해본다.

❖Tip❖
┃ 양극 코발트산 리튬을 발견한 미즈시마 박사
┃ 음극 폴리아세틸렌을 발견한 시라카와 박사
┃ 그것을 조합해 대폭 개량한 요시노 박사

## 2차 전지의 에너지 밀도의 비교

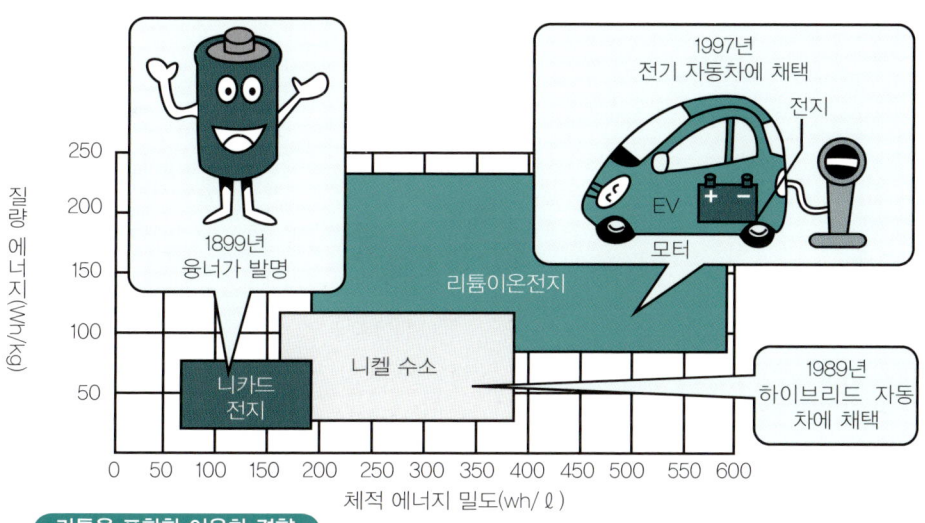

1997년
전기 자동차에 채택

전지

EV

모터

리튬이온전지

1899년
융너가 발명

니카드
전지

니켈 수소

1989년
하이브리드 자동
차에 채택

질량 에너지(Wh/kg)

250

200

150

100

50

0  50  100  150  200  250  300  350  400  450  500  550  600

체적 에너지 밀도(wh/ℓ)

### 리튬을 포함한 이온화 경향

Li K Ca Na Mg Al Zn Fe Ni Sn Pb H Cu Hg Ag Pt Au

대 ⬅━━━━━━━━━━━━━➡ 소

## 미즈시마 박사와 요시노 박사에 의한 리튬이온 2차 전지 개발 역사

**코발트 산
리튬 발견**

**현재의 리튬 이온 2차
전지 의원형 발명**

**양극**

**미즈시마 고이치 박사(1941~)**

일본의 물리학자. 1964년 도쿄대 이학부 물리학과 졸업. 1979년 옥스퍼드대 무기화학연구소에서 리튬이온 전지의 새 전극 재료 연구. 코발트산 리튬 등 일련의 물질 발견. 현재 도시바 리서치 컨설팅 임원 연구원

요시노 박사가
코발트산 리튬 채택

**요시노 아키라 박사(1948~)**

일본의 화학자. 1970년 교토대 공학부 석유화학과 졸업. 1983년 양극에 코발트산 리튬, 음극에 폴리아세틸렌을 이용한 리튬이온 2차 전지 고안. 1985년 양극을 카본 재료로 변경함으로써 오늘날의 원형 발명. 현재 아사히 카세이 연구원.

**도전성 고분자
폴리아세틸렌 발견**

**음극**

1976년 시라카와 박사(1936~)가 발견. 시라카와 박사는 2001년 노벨 화학상 수상

요시노 박사가
리튬이온 2차
전지의 음극
재료로 채택

요시노 박사가
카본 재료로
변경

111

# 48 전지 안을 돌아다닌다? 리튬이온 Li⁺

**리튬이온 전지의 작동 원리는?**

리튬이온 전지의 기전력은 3.6볼트이다. 카본 재료인 얇은 막을 구리조각 위에 형성한 것을 음극, 코발트산 리튬($LiCoO_2$)인 얇은 막을 알루미늄조각 위에 형성한 것을 양극에 사용하는 2차 전지이다. 이 2개의 얇은 막은 세퍼레이터를 매개로 겹친 상태로 비수용성 전해액 안에 잠겨 있다.

(1)번 식은 양극에서의 반응, (2)번 식은 음극에서의 반응, (3)번 식은 전지 전체의 반응을 나타낸 것이다. 반응식이 복잡해보이지만 쉽게 설명하면 **리튬이온** Li⁺이 양극과 음극 사이를 **왕래**한다는 것이다.

음극에 사용하는 것이 그래파이트(흑연) 계통의 탄소 재료이다. 그래파이트 결정 자체는 벤젠 고리가 무한대로 축합(縮合)된 평면이 층 상태로 이어진 스택 구조이다. 벤젠 고리의 Π전자는 평면 상태로 비국재화(比局在化)되어 있으면 동시에 면의 수직 방향으로도 전자 간 상호 작용이 발생해 도전성(導電性)이 생긴다.

그래파이트의 층상 구조를 특징으로 층 사이에 원자를 맞붙여 인터컬레이션(Intercalation) 화합물을 형성한다. 리튬이온 전지에서는 충전할 때 Li⁺의 인터컬레이션 화합물이 생긴다(다음 페이지 하단 그림 우측). 양극에 사용하는 것이 $LiCoO_2$ 등의 금속 산화물이다. $O^{2-}$가 면심입방격자(面心立方格子)를 형성함으로써 Li⁺나 $Co^{3+}$가 (111)면 위, 즉 정팔면체의 틈새에 위치한다.

Li⁺은 (111)면 위를 움직이기 쉬워 충전할 때 최대 70%의 Li⁺이 외부로 빠져 나간다(하단 그림 좌측). 수용액 계통의 전해액은 리튬에 의해 전기 분해되므로 사용하지 못한다. 많이 이용되는 용매로는 프로필렌 카보네이트(융점 40℃, 비유전율 90)와 에틸렌 카보네이트(융점 49℃, 비유전율 64)이다. 이 용매들은 비프로톤(Protic)성 용매라고 한다.

또한, Li⁺은 실제로 전극 사이를 이동할 필요 없이 농도 변화만 전달되면 된다. 그 때문에 비프로톤성 용매 안에 Li⁺를 넣어두어야 한다. 그래서 $LiAsF_6$, $LiBF_4$, $LiClO_4$, $LiPF_6$ 같은 리튬염을 전해질로 이용하고 있다.

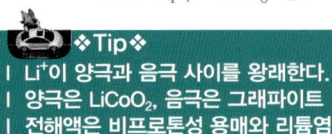

❖Tip❖
| Li⁺이 양극과 음극 사이를 왕래한다.
| 양극은 $LiCoO_2$, 음극은 그래파이트
| 전해액은 비프로톤성 용매와 리튬염

## 리튬이온 전지의 화학 반응

**양극 반응**

$$LiCoO_2 \underset{방전}{\overset{충전}{\longleftrightarrow}} Li_{(1-x)}CoO_2 + xLi^+ + xe^- \qquad (1)$$

**음극 반응**

$$xLi^+ + xe^- + C \underset{방전}{\overset{충전}{\longleftrightarrow}} LixC \qquad (2)$$

**전지 전체의 반응**

$$LiCoO_2 + C \underset{방전}{\overset{충전}{\longleftrightarrow}} Li_{(1-x)}CoO_2 + LixC \qquad (3)$$

1817년 리튬을 발견한
아르프베드손
(스웨덴)

세계 최대 리튬 매장량을 가진
볼리비아 우유니 소금 호수

## 리튬이온 전지의 작동 원리

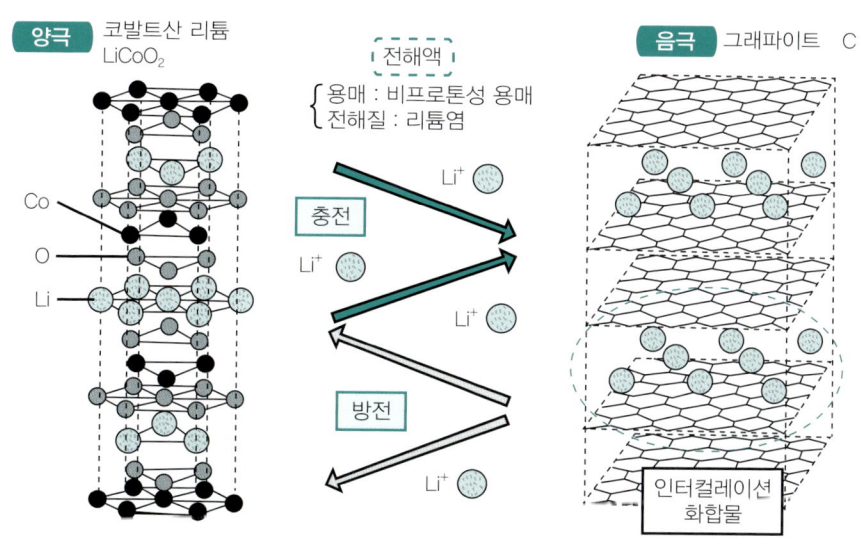

**양극** 코발트산 리튬 $LiCoO_2$

Co
O
Li

**전해액**
용매 : 비프로톤성 용매
전해질 : 리튬염

$Li^+$

충전

$Li^+$

$Li^+$

방전

$Li^+$

**음극** 그래파이트 C

인터컬레이션
화합물

113

# 49 3번째 기회? 전동화에 대한 환경

전동 자동차의 부흥과 쇠퇴 역사

현재 EV 등의 전동 자동차 투입이 시작되고 있는데 역사적으로 자동차 여명기를 빼면 3번째 상황이다. 첫 번째는 대기 오염이 문제가 된 1970년대 초로 미국의 머스키법의 도입을 계기로 배출가스가 전혀 나오지 않는 클린카인 EV 개발이 활발히 이루어졌다. 일본에서는 납축전지를 사용한 소형 승용 EV 시작차가 당시 통산성 주도로 개발되었다.

하지만 삼원촉매 등의 기술이 개발되고 가솔린 자동차의 배출가스 저감화가 진행되면서 EV 보급이 중단되었다. 두 번째는 1990년대 들어 대기 오염 문제에 고심하던 미국 캘리포니아 주가 각 자동차 제작사에 일정 대수 이상의 EV 판매를 의무화하는 ZEV(Zero Emission Vehicle)법의 도입 의사 표명을 시작으로 많은 자동차 제작사들이 EV 개발에 착수했다. 당시는 니켈수소 전지가 주류였는데 이것을 탑재한 EV, HEV를 시장에 투입한 것이 이 시기였다.

도요타 자동차의 라브4 EV(1995년), HEV 초대 프리우스(1997년) 등이 그 예이다. 더불어 리튬이온 전지를 이용한 자동차 개발에 착수한 것도 이 시기이다. 그리고 2005년 교토의정서가 발표되면서 지구 환경문제가 크게 부각되고 원유 가격의 급등 등으로 환경 및 에너지에 대한 사람들의 인식이 많이 바뀌어왔다.

이런 배경 속에서 EV를 비롯해 환경 대응 자동차로 불리는 HEV, PHEV 등의 전동차 투입 상황이 성숙된 세 번째 움직임이 현재 활발해지고 있다. 2009년 발매된 도요타 자동차의 HEV 3세대 프리우스는 니켈수소 전지를 탑재하고 있는데 세계시장 판매 대수가 연간 약 40만 대(초대 프리우스 1~2만 대)나 될 만큼 크게 성장하면서 본격적인 전동 자동차 시대 개막을 알리고 있다. 리튬이온 전지는 같은 해 미쓰비시 자동차가 발매한 i-MiEV(경자동차 EV)에 사용되는 등 앞으로도 급속히 보급될 것으로 예상된다.

❖Tip❖

┃ 전동차 투입 환경은 이번이 세 번째
┃ 납전지 ⇒ 니켈수소 전지 ⇒ 리튬이온 전지로 바뀐 전동차용 전지 역사

## 전동 자동차의 분류

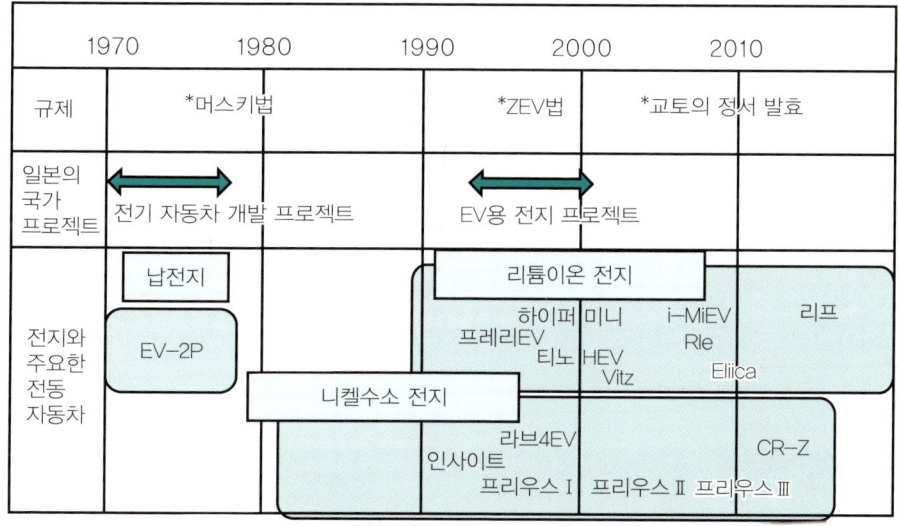

- 전기 자동차 EV

모터　타이어

전지

- 하이브리드 전기 자동차 전지 HEV, 플러그 인 하이브리드 전기 자동차 PHEV

자동차

병렬 방식

엔진　타이어
모터
전지
플러그 인

직렬 방식

발전기　타이어
엔진　모터
전지
플러그 인

- 연료 전지 자동차 FCV(7장 참조)

## 전동 자동차용 전지 역사

| | 1970 | 1980 | 1990 | 2000 | 2010 |
|---|---|---|---|---|---|
| 규제 | *머스키법 | | *ZEV법 | *교토의 정서 발효 | |
| 일본의 국가 프로젝트 | 전기 자동차 개발 프로젝트 | | EV용 전지 프로젝트 | | |
| 전지와 주요한 전동 자동차 | 납전지 / EV−2P | | 리튬이온 전지 / 니켈수소 전지 | 하이퍼 미니 / 프레리EV / 티노 / HEV / Vitz | i−MiEV / Rle / Eliica / 리프 |
| | | | 라브4EV / 인사이트 / 프리우스Ⅰ | 프리우스Ⅱ 프리우스Ⅲ | CR−Z |

115

# 50 고출력으로 장거리를 달리는 전지 지향

### 300km를 달릴 수 있는 EV용 리튬이온 전지란

전동 자동차용 전지의 성능은 **에너지 밀도**와 **출력 밀도**로 표시된다. 에너지 밀도란 단위 질량당 전위가 저장할 수 있는 에너지이며 단위는 Wh/kg이다. 출력 밀도란 단위 질량당 전지가 방출할 수 있는 작업률로 단위는 W/kg이다.

에너지 밀도는 주행 거리에 영향을 미치는 지수이며 출력 밀도는 충·방전 용이성이 영향을 미치는 지수이다. 자동차는 상당히 넓은 온도 범위 내에서 사용되므로 사용하는 모든 온도 범위 내에서 전지 성능을 평가해야 한다.

다음 페이지 상단 그림은 EV용, HEV용, PHEV용 전지에 요구되는 상대적 성능을 나타낸 것이다. EV의 주행 거리는 전지가 충전할 수 있는 에너지량에 의존하므로 에너지 밀도는 EV용 전지에서도 가장 중요한 성능이다.

HEV용 전지에서는 출력 밀도가 가장 중요한 성능이다. 가속 지원을 하거나 회생 전력을 받아들일 때는 짧은 시간에 대전류를 흘려 보내는 성능이 요구된다. PHEV는 HEV보다 많은 전지를 장착해 EV 주행 거리가 HEV보다 길어지므로 HEV와 EV의 중간 성능이 요구된다.

다음 페이지 하단 그림은 자동차용 전지의 에너지 밀도에 대한 진화의 역사이다. 2014년 기준으로 양산 EV용 리튬이온 전지의 에너지 밀도는 100~150Wh/kg, 충전 1회당 주행 거리는 100~230km로 짧다. 그래서 주행 거리가 300~400km인 EV차를 목표로 에너지 밀도 250Wh/kg의 제2세대 리튬이온 전지 개발이 진행되고 있다.

개발 방법은 2가지이다. 양극, 음극, 전해액 등을 바꾸어가는 방법과 같은 내용물이더라도 셀에 넣는 양을 늘리는 방법이다. 전자의 예는 양극 재질을 현재 상태의 망간산 리튬 계통에서 니켈 계통이나 니켈망간 코발트산 리튬 계통 등 니켈을 많이 함유한 것으로 바꾸는 연구 등이 이루어지고 있다.

❖Tip❖

ㅣ EV용은 에너지 밀도가 중요
ㅣ HEV용은 출력 밀도가 중요

## 전동 자동차용 2차 전지에 요구되는 성능(상대적 표시)

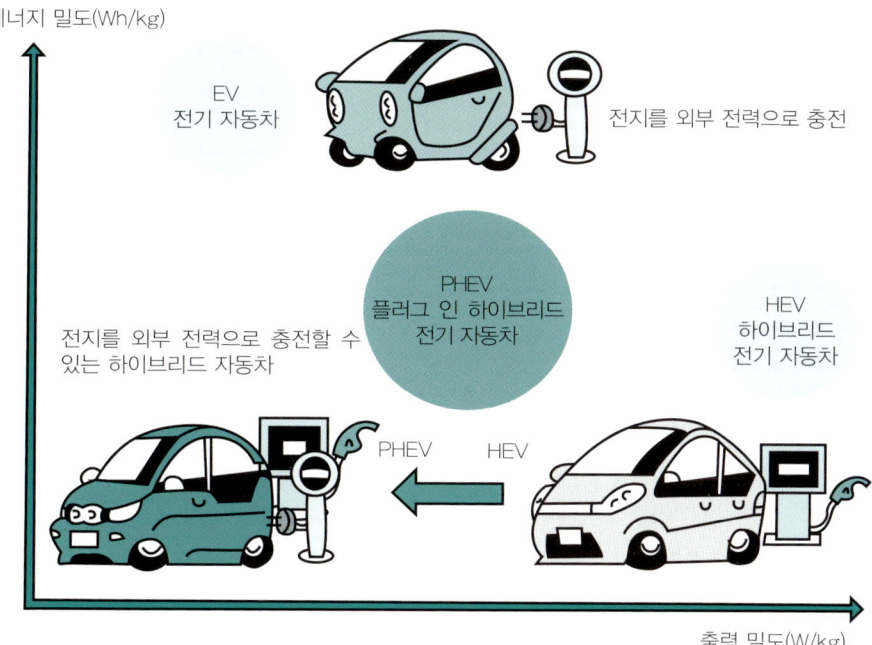

에너지 밀도(Wh/kg)

EV
전기 자동차

전지를 외부 전력으로 충전

PHEV
플러그 인 하이브리드
전기 자동차

전지를 외부 전력으로 충전할 수
있는 하이브리드 자동차

HEV
하이브리드
전기 자동차

PHEV    HEV

출력 밀도(W/kg)

## 2차 전지 에너지 밀도에 대한 진화의 역사

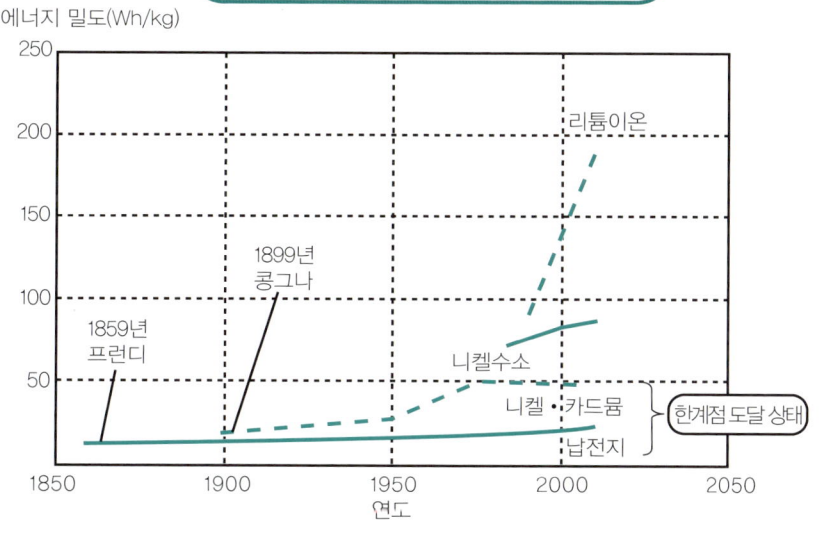

에너지 밀도(Wh/kg)

리튬이온

1899년
콩그나

1859년
프런디

니켈수소

니켈·카드뮴

납전지

한계점 도달 상태

연도

# 51 '집단 맞선' 같은 전기 2중층

다른 부호의 전하층이 서로 마주보며 전하 축적

다음 항에서는 전기 2중층 커패시터를 설명할 예정인데 그 전에 전기 2중층에 대해 복습하겠다. 0.1M(몰/ℓ)인 묽은황산에 1볼트의 전압을 가했다고 가정하자.

0.1M의 묽은황산에는 0.11M의 양이온 $H^+$, 0.09M의 $HSO_4^-$와 0.01M의 $SO_4^{2-}$의 음이온이 존재한다. 여기에 1볼트의 전압을 가하면 전압을 느낀 양이온 중 극히 일부는 음극, 양이온 중 극히 일부는 양극으로 이동한다. 그 결과 양극의 경계면은 음이온, 음극의 경계면은 양이온이 약간 과잉된 상태가 된다. 한편 경계면에서 떨어진 전해액 본체는 음양 전하가 서로 없애고 있으므로 전기적으로 중성이다.

다음 페이지 상단 그림에서 보듯이 전극과 전해액의 경계면에서는 전극 표면의 전하와 역부호 이온의 전하가 같은 양만큼 마주보고 있다. 이와 같이 다른 부호(異符號)의 전하층이 서로 마주한 상태를 전기 2중층이라고 한다. 이 때문에 전기 화학 진수는 전기 2중층에 있다고 한다.

전기 2중층은 매우 얇아 0.1M의 묽은황산의 경우 약 1nm로 $H_2O$ 분자 3개 정도의 두께밖에 안 된다. 1nm는 전해액 쪽 물질이 전극에서 전자를 쉽게 주고 받을 수 있는 거리이다. 1nm 거리에 1볼트 가까운 전압을 가하면 전계(電界) 강도는 1cm당 $10^6 \sim 10^7$v/cm로 아주 커진다. 전해액 본체 영역 Y에는 전위 구배(電解)가 거의 없다. 전계가 없으면 이온은 전기력을 못 느낀다.

0.1M 묽은황산의 전기 2중층 두께는 약 1nm였지만 전해액의 이온 농도가 떨어지면 그 제곱근에 반비례해 전기 2중층은 두꺼워진다(하단 그림). 따라서 전기 2중층 중 일부만 전자를 주고 받는 영역(약 1nm)이 되지 않는다. 이 영역을 넓히기 위해서는 고전압을 가해야 한다. 그런데 상온의 수용액 중에는 물 분자나 소형 이온 모두 열운동으로 1초 동안 약 0.1mm 움직이는데 이 수치는 전기 2중층 두께인 1nm의 10만 배나 된다.

❖Tip❖
ㅣ 서로 다른 부호인 전하층이 서로 마주한 전기 2중층
ㅣ 전기 2중층은 매우 얇다.
ㅣ 이온이 열운동으로 움직이는 거리는 크다.

## 0.1몰/ₗ 묽은황산에 1볼트의 전압을 가했을 때 경계면에 생기는 전기 2중층

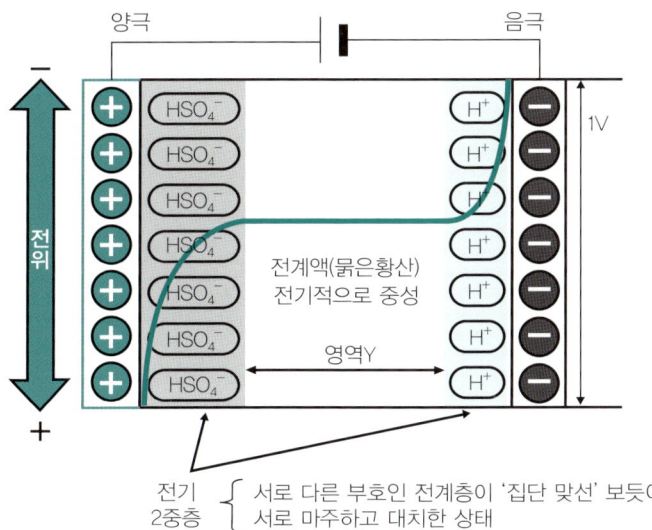

양극　　　　　　　　　　음극

전위

HSO₄⁻
HSO₄⁻
HSO₄⁻
HSO₄⁻
HSO₄⁻
HSO₄⁻
HSO₄⁻

H⁺
H⁺
H⁺
H⁺
H⁺
H⁺
H⁺

1V

전계액(묽은황산)
전기적으로 중성

영역Y

전기
2중층 { 서로 다른 부호인 전계층이 '집단 맞선' 보듯이
서로 마주하고 대치한 상태

## 전해질의 농도와 전기 2중층 두께의 관계

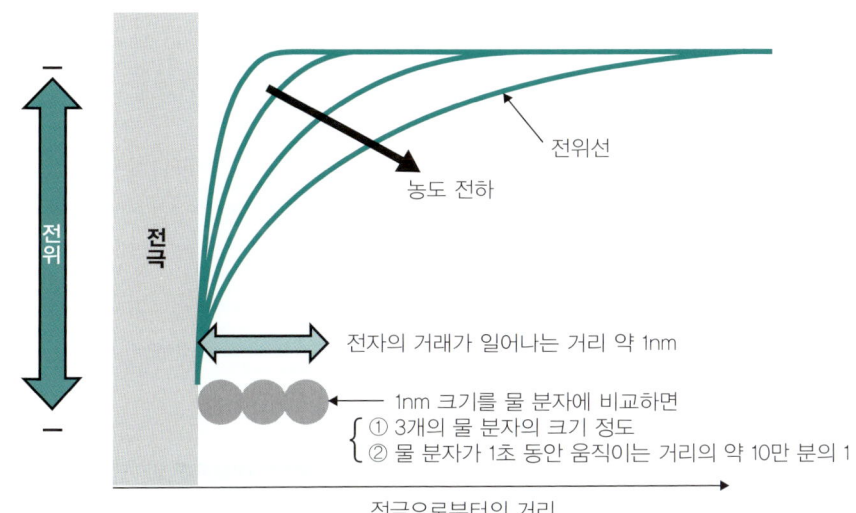

전위

전극

전위선

농도 전하

전자의 거래가 일어나는 거리 약 1nm

1nm 크기를 물 분자에 비교하면
{ ① 3개의 물 분자의 크기 정도
② 물 분자가 1초 동안 움직이는 거리의 약 10만 분의 1

전극으로부터의 거리

119

# 52 전기 2중층 커패시터는 전지일까, 콘덴서일까

리튬이온 전지의 훌륭한 라이벌

전기 2중층 커패시터(이하 EDLC)는 전기 2중층이라는 **물리 현상**을 이용해 축전량을 크게 높인 커패시터로 울트라 커패시터 또는 수퍼 커패시터라고도 불린다. 커패시터란 콘덴서의 동의어이다. 짧은 시간의 충·방전, 긴 수명으로 충·방전 반복이 수만 번이나 가능하다는 장점 덕분에 2차 전지에 대항할 수 있는 소자로 주목받고 있다.

EDLC는 양극 음극의 활성 탄소와 전계액(電界液)의 경계면에 생기는 전기 2중층에 전하를 저장하는 축전 소자이다. 충전할 때는 양극에 마이너스 이온, 음극에 플러스 이온이 물리적으로 달라붙고 방전할 때는 떨어진다(다음 페이지 상단 그림). 저온에서의 성능도 양호하다. 충·방전할 때 화학 반응이 없으므로 충·방전 속도가 빠르고 충·방전에 따른 노화가 물리적으로 없어 수명이 길다. 이와 같은 축전 원리 차이 때문에 방전 시 곡선도 2차 전지와 완전히 다르다.

다음 페이지 하단 그림에서 보듯이 EDLC는 일정한 전류로 방전하면 전압이 직선적으로 변동하므로 잔류 에너지 예측이 쉽다. 하지만 저장할 수 있는 에너지는 그림의 삼각형 면적 $Q_cV_c/2$ 정도로 작다. 한편, 리튬이온 전지는 일정한 전류로 방전하면 전압이 완만히 변하므로 잔류 에너지 예측이 어렵다. 하지만 저장할 수 있는 에너지는 사각형 면적 $Q_cV_{av}$ 정도로 상당히 커진다.

EDLC 전극에는 활성탄을 이용하는데 활성탄에는 많은 미세한 구멍이 뚫려 있다. 그 결과 비표면적이 매우 크다. EDLC의 내전압(耐電壓)이 낮은 원인으로 이 활성탄 표면의 관능기(官能基)와 전해액이 화학 반응함으로써 전해액이 분해되는 경우가 있다. EDLC의 특징을 복습해보면 단시간에 충·방전할 수 있고 수명이 긴 것이 장점이다. 하지만 저장할 수 있는 에너지양이 적고 내전압이 낮은 것이 단점이다.

❖Tip❖
| 전극과 전계액의 경계면에 전기 2중층이 생긴다.
| 전기 2중층에 전하를 저장하는 축전 소자
| 단시간에 충·방전할 수 있지만 에너지는 작다.

## 전기 2중층 커패시터(EDLC)의 동작 원리

전해액 이온　전원

알루미늄 전극

**충전할 때**

물리적으로
양극에 - 이온,
음극에 + 이온이
붙는다.

알루미늄 전극

음극

양극

활성탄

활성탄

부하

알루미늄 전극

**방전할 때**

물리적으로
양극에서 - 이온,
음극에서 + 이온이
떨어진다.

알루미늄 전극

음극

양극

활성탄

활성탄

전해액　　세퍼레이터

## 전기 2중층 커패시터와 리튬이온 전지의 충 · 방전 곡선

(1) 전기 2중층 커패시터

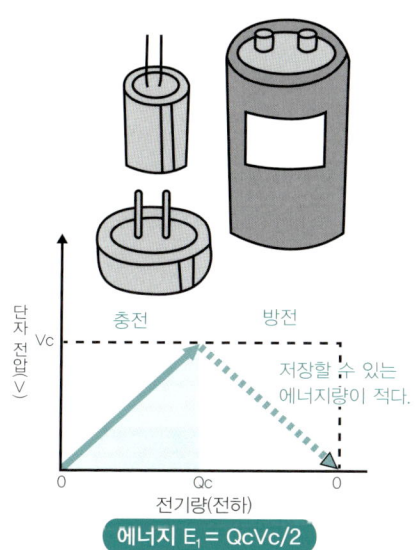

단자 전압(V)

Vc

충전　　방전

저장할 수 있는
에너지량이 적다.

0　　　　Qc　　　　0

전기량(전하)

에너지 $E_1 = QcVc/2$

(2) 리튬이온 전지

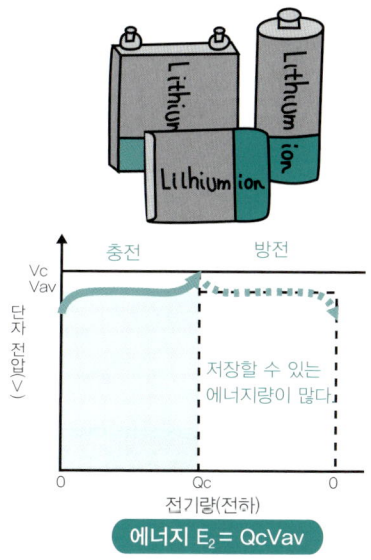

단자 전압(V)

Vc
Vav

충전　　　방전

저장할 수 있는
에너지량이 많다.

0　　　　Qc　　　　0

전기량(전하)

에너지 $E_2 = QcVav$

# 루이 르노(1877-1944)
## 유럽 최대 자동차 제작사 르노의 창업자

　파리 외곽 부르주아 가정에서 자란 루이 르노는 1898년 드 디옹 부통 자동차를 개조해 오늘날과 같이 프로펠러샤프트를 사용한 프런트 엔진, 리어 드라이브(FR) 방식의 원형인 다이렉트 드라이브 시스템을 발명했다.

　이 획기적 발명은 프랑스 국내의 다른 자동차 제작사들까지 기술을 도입하면서 막대한 특허료(당시 금액으로 수백만 프랑)가 그의 주머니에 들어갔다. 이듬해 이 기구를 탑재한 자동차 "브와뛰레트(Voiturette)"발매를 계기로 형 마르셀, 페르낭과 함께 10월 "르노 프레르"(르노형제 회사)를 설립했다. 1900년 이후, 소형차를 중심으로 양산 전략을 통해 발전하면서 먼저 창업한 푸조 등을 제치고 프랑스 최대 자동차회사로 성장했다.

　제1차 세계대전 전후로 르노 FT-17 전차 같은 군용차량 등을 생산하면서 사업 범위를 확대했다. 1939년 발발한 제2차 세계대전 당시 전쟁 준비가 부족했던 프랑스는 전쟁 초반부터 패배를 거듭해 결국 프랑스 전역은 독일 나치에게 점령당한다. 르노도 독일에게 접수당하고 벤츠사에서 임원이 파견되면서 루이는 독일 점령군의 괴뢰정권인 비시정권에 협력해야만 하는 상황에 빠졌다. 1942년 연합군의 공습으로 르노 공장은 파괴되었다. 1944년 연합군이 프랑스를 해방시키자 루이는 독일의 부역자로 체포당해 감옥에서 실의에 빠져 병사하고 만다.

　창업자의 사망과 생산 설비의 파괴라는 난관에 빠진 르노는 프랑스 지도자로 선출된 샤를 드골 장군의 행정 명령으로 국유화되면서 르노공단(公團)으로 재건되었다. 이후 프랑스 정부는 지속적인 주식 매각으로 1996년 완전히 민영화되었다. 현재 르노 CEO는 북미 미쉐린사 CEO 경험이 있는 카를로스 곤이다.

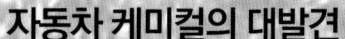

# 7 진화하는 연료 전지와 차세대 혁신 전지의 화학

# 53 "물의 전기 분해"의 반대인 연료 전지의 발전(發電) 원리

활성 물질 수소와 산소를 계속 보충하는 개방형 장치

분명히 연료 전지는 전지의 일종이지만 "발전(發電) 장치"에 더 가깝다. 연료 전지는 "물의 전기 분해"의 반대 원리로 전기를 일으킨다. 물의 전기 분해는 외부의 전기를 물에 통해 수소와 산소로 분해시킨다. **연료 전지**는 그 반대로 수소와 산소를 전기 화학 반응시켜 전기를 만든다.

더 구체적으로 살펴보면 연료 전지는 보충할 수 있는 음극 활성 물질인 수소와 양극 활 물질인 공기 속 산소를 상온이나 고온에서 전기 화학 반응시켜 전력을 계속 생산할 수 있는 발전 장치이다.

1차 전지와 2차 전지는 폐쇄형 장치로서 장치 안의 '한정된' 활성 물질을 사용하므로 전기 용량도 '한정적'이 된다. 반면, 연료 전지는 개방형 장치로서 양극의 활성 물질인 수소와 산소를 '무한정' 계속 보충할 수 있으므로 전기 용량도 **무한정**이 되면서 영원히 계속적으로 방전할 수 있다.

최초로 폐쇄형 전지를 발견한 볼타에게 물어보면 "쓰면 안 되는 수를 쓰고 있다"라고 비난받을지도 모른다. 그런 의미에서 연료 전지는 전지라기보다 발전 장치의 일종이라고 하는 것이 더 어울린다.

외부에서 공급하는 연료는 수소에만 한정되지 않고 도시가스나 LPG 등도 있다. 이 경우, 연료에서 수소를 만드는 개질기(改質器)가 필요하다. 연료극(음극)에서는 그림 ①번 식의 산화 반응이 일어난다. 전자는 외부로 흐르고 $H^+$는 전하 운반체가 되어 전해액 속을 확산한다. 공기극 (양극)에서는 $H^+$가 전자와 재결합해서 산소가 환원되는 물이 되어 ②번 식에서 나타낸 반응이 일어난다.

①번 식의 반응을 산소 환원 반응이라고 말하는데, ①번식의 반응보다도 늦으니까 백금 등의 촉매를 사용해서 속도를 올린다. 전해질은 액체 전해질이든가 용융염 전해질 중의 하나이다. 그 속을 통하는 전하 운반체에는 $H^+$ 이외로 $O_2$, $CO_3^{2-}$ 등이 있다. 하단 표는 연료 전지의 대표적인 특징을 정리한 것이다.

❖Tip❖

ㅣ 활성 물질 수소와 산소를 계속 보충하는 개방형 장치
ㅣ 전지라기보다 발전 장치의 일종

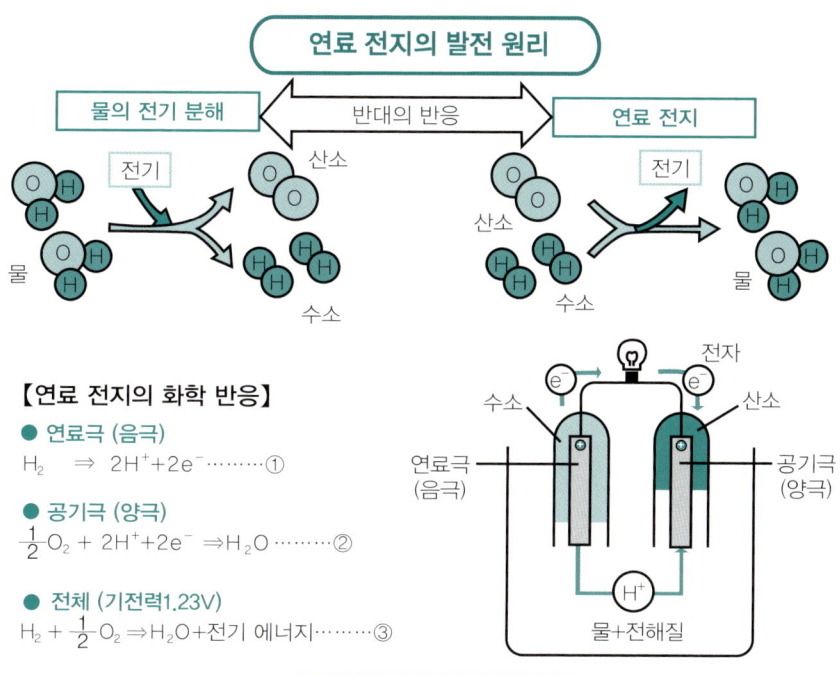

## 연료 전지의 발전 원리

물의 전기 분해 ⟷ 반대의 반응 ⟷ 연료 전지

전기

산소
물
수소

전기

산소
수소
물

【연료 전지의 화학 반응】

● 연료극 (음극)

$H_2 \Rightarrow 2H^+ + 2e^-$ ……… ①

● 공기극 (양극)

$\frac{1}{2}O_2 + 2H^+ + 2e^- \Rightarrow H_2O$ ……… ②

● 전체 (기전력1.23V)

$H_2 + \frac{1}{2}O_2 \Rightarrow H_2O + 전기 에너지$ ……… ③

전자
$e^-$ $e^-$
수소 산소
연료극
(음극)
공기극
(양극)
$H^+$
물+전해질

## 대표적인 연료 전지

| | 고체 고분자형 PEFC | 인산형 PAFC | 용융탄소염형 MCFC | 고체 산화물형 SOFC |
|---|---|---|---|---|
| 연료 | 수소 | 수소 | 수소 일산화탄소 | 수소 일산화탄소 |
| 전하 운반체 | $H^+$ | $H^+$ | $CO_3^{2-}$ | $O^{2-}$ |
| 전해질 | 프로통 교환 막 | 인산 | 탄산리튬 | 안정화 지르코니아 |
| 작동 온도(℃) | 60~90 | 190~210 | 600~700 | 900~1,200 |
| 촉매 | 백금계 | 백금계 | 불필요 | 불필요 |
| 발전 출력 (발전 효율) | ~50kW (35~40%) | ~1000kW (35~42%) | 1만~10만kW (45~60%) | 1만~10만kW (45~65%) |
| 개발 현황 | · 가정용으로는 실용화<br>· 2014년 12월 도요타 자동차가 연료 전지 자동차 발매. | · 업무용(사무실, 병원 등 상시 가동형 긴급 전원)으로 다수 실적 | ·일본 이외 지역에서 실적 확대 중 | · 가정용은 실용화 됨<br>· 대형 고정용은 개발 진행 중 |

# 54 최근 주목받는 "에너지 팜"에서 사용하는 연료 전지

에너지와 팜(농장)의 합성어

연료전지의 본체는 다음 페이지 상단 그림에서 보듯이 셀(단전지)을 겹쳐 만들어 "셀 스택"이라고 부른다. 공기극과 연료극은 기체가 통하는 구조이며 산소와 수소가 그 안을 지나간다. 수소는 전극 안의 촉매 작용에 의해 $H^+$와 전자로 분리된다.

전해질은 이온만 통과시키는 성질이 있어 전자는 외부 회로를 흐른다. 전해질 안을 통과한 $H^+$는 공기극으로 보내진 산소 및 외부 회로에 흐른 전자와 반응해 물이 된다. "반응에 관계하는 전자가 외부 회로를 흐르는"것은 발전 그 자체로서 중앙 그림에서 보듯이 셀 안의 화학 반응이 이 연료 전지의 구체적인 발전 원리이다.

하나의 셀이 만들 수 있는 전기는 전압으로 따지면 약 0.7볼트이다. 따라서 대량의 전기 예를 들어 10kW의 전기를 만들기 위해서는 약 500개의 셀을 겹쳐놓아야 한다. 셀과 셀 사이의 세퍼레이터는 수소와 산소의 통로를 물리적으로 분리하는 동시에 전기적으로 접속시키는 중요한 역할을 수행한다.

현재 고체 고분자형(PEFC)과 고체 산화물형(SOFC) 연료 전지가 에너지 팜에 이용되고 있다. 에너지 팜이란 가정용 연료 전지 코제너레이션 시스템으로서 에너지와 팜(농장)의 합성어이다.

도시가스의 주 성분인 메탄 $CH_4$를 수증기에 의해 질을 바꾸어서 취출한 수소 $H_2$와 대기 속의 산소를 화학 반응시켜 전기를 만들어 그 발열을 활용해 뜨거운 물을 만드는 시스템이다. 발전이 아니라 어디까지나 절전을 목적으로 개발된 시스템이다.

폐열을 직접 이용할 수 있으므로 폐열을 이용하지 않는 화력 발전이나 원자력 발전보다 에너지 이용 효율이 높고 집에서 발전하므로 송전 손실이 없다. 급탕 시 발전으로 가정 소비량의 약 절반의 전력량을 공급할 수 있으므로 전기 요금이 내려가는 등의 장점이 있다. 다만 발전 시의 폐열로 온수 저장 탱크 안의 물을 데울 탱크 공간이 필요하다. 코제너레이션은 "열병합 발전"또는 "폐열 발전"으로 번역되고 있다.

❖Tip❖
ㅣ 연료 전지는 셀을 겹쳐 놓은 구조이다.
ㅣ 전해질은 이온을 통과시키지만 전자는 통과시키지 않는다.
ㅣ 최근 주목받는 에너지 팜에서 사용하고 있다.

연료 전지의 셀

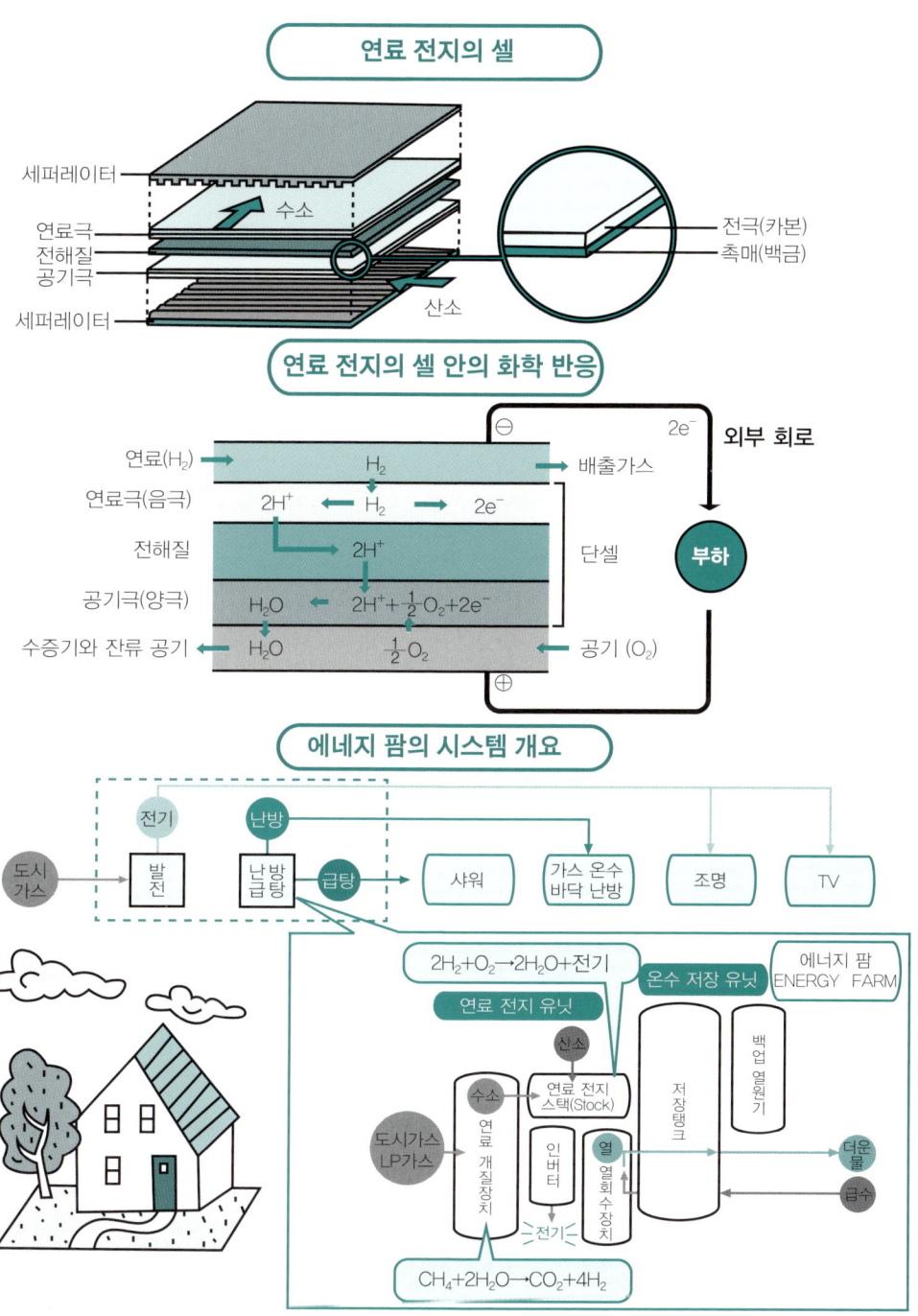

세퍼레이터

연료극
전해질
공기극

세퍼레이터

수소

산소

전극(카본)
촉매(백금)

연료 전지의 셀 안의 화학 반응

연료($H_2$)

연료극(음극)

전해질

공기극(양극)

수증기와 잔류 공기

$H_2$ → 배출가스

$2H^+$ ← $H_2$ → $2e^-$

$2H^+$

$H_2O$ ← $2H^+ + \frac{1}{2}O_2 + 2e^-$

$H_2O$　$\frac{1}{2}O_2$ ← 공기 ($O_2$)

$\ominus$　$2e^-$　외부 회로

단셀

부하

$\oplus$

에네지 팜의 시스템 개요

전기　난방

도시
가스 → 발전　난방급탕 → 급탕 → 샤워　가스 온수 바닥 난방　조명　TV

$2H_2+O_2 → 2H_2O+$전기

연료 전지 유닛

온수 저장 유닛

에너지 팜
ENERGY FARM

산소

수소

도시가스
LP가스

연료 개질 장치

연료 전지 스택(Stock)

인버터

열
열회수장치

저장탱크

백업 열원기

더운물

급수

전기

$CH_4+2H_2O → CO_2+4H_2$

# 55 자동차용 연료 전지의 핵심 무기, 고체 고분자형 연료 전지 PEFC

고분자 막과 전극, 백금 촉매는 삼위일체가 되어야!

고체 고분자형 연료 전지는 전해질에 **고분자 막**을 이용한 **연료 전지**이다. 60~90℃의 저온에서 반응하므로 고온 대책이 필요 없고 액체를 이용하지 않으므로 보수도 손쉬워 소형화가 가능한 자동차용 연료 전지의 핵심 무기로 개발 중이다.

저온에서 사용할 수 있는 고분자 막으로 대표적인 것은 나피온 등의 양이온 교환 막이다. 이온 교환막이란 동일 부합 이온만 통과시키는 것이 목적인 막으로서 이온 교환이 목적인 막이 아니다. 나피온은 폴리테트라플루오르에틸렌의 화학 안정성과 트리풀루오메탄술폰산(이하 TfOH로 표기)의 강산성을 함께 가진 $H^+$ 전도체이다.

TfOH는 초강산의 일종으로 유산(硫酸)이나 과염소산보다 강한 산(酸)이다. 나피온의 고차 구조는 친수성 TfOH가 모여 폭 약 1nm의 $H^+$가 지나는 통로를 형성하는 것으로 파악된다(다음 페이지 상단 그림). $H^+$가 전도하는 원리는 복잡하므로 그로투스(Grotthuss) 기구라는 모델로 설명된다.

전극의 기능은 ① 화학 반응을 일으킬 것, ② 수소, 산소 및 물을 효율적으로 수송할 것, ③ 전자를 흘려보내는 것이다. 고체 고분자형 연료 전지는 동작 온도가 낮아 화학 반 응 속도를 높이기 위해 백금 촉매를 사용한다. 백금은 수소 산화와 산소 환원에 뛰어나다. 현재 많이 사용되는 전극은 표면적이 큰 카본 블랙(탄소 미분말)에 백금 미립자를 담체(운반체)한 것으로서 연료극과 공기극 양쪽에 사용되고 있다. 산소 환원 반응은 수소 산화 반응보다 늦으므로 공기극보다 많은 백금 미립자가 담체된다. $H^+$을 효율적으로 주고받기 위해서는 고분자 전해질과 전극, 백금 촉매가 밀착해 있어야 한다. 촉매를 아무리 담체해도 밀착되어 있지 않으면 촉매는 반응에 유효하지 못하다.

"고분자 막과 전극, 백금 촉매는 삼위일체가 되어야!" 한다.

❖Tip❖
Ⅰ 고분자 막 안에 $H^+$의 화학적 통로 형성
Ⅰ 탄소 전극에 백금 미립자를 담지해 반응 속도 증가
Ⅰ 고분자 막과 전극, 백금 촉매는 삼위일체가 되어야!

## 프로톤H⁺ 교환막이란

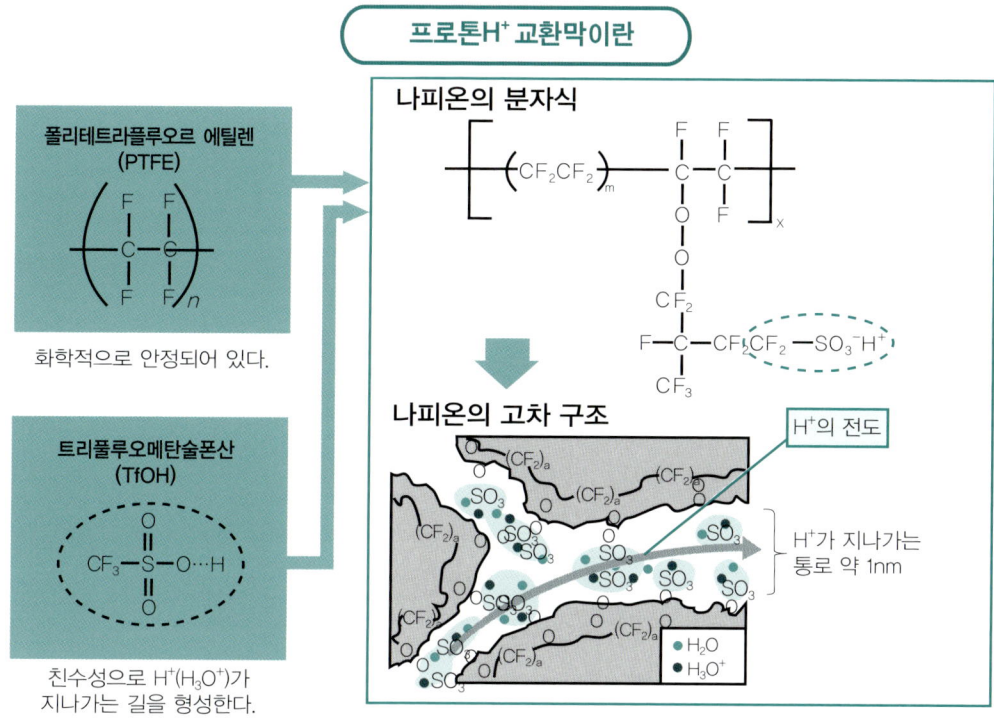

**폴리테트라플루오르 에틸렌 (PTFE)**

화학적으로 안정되어 있다.

**트리플루오메탄술폰산 (TfOH)**

친수성으로 H⁺(H₃O⁺)가 지나가는 길을 형성한다.

**나피온의 분자식**

**나피온의 고차 구조**

H⁺의 전도

H⁺가 지나가는 통로 약 1nm

- H₂O
- H₃O⁺

## 고체 고분자형 연료 전지의 역할 및 H⁺를 주고받는 모습

(1) 화학 반응을 일으킬 것
(2) 수소, 산소 및 물을 효율적으로 운반할 것.
(3) 도전성이 높을(전자를 흘려 보낼) 것.

e 전자　●H⁺　●●H₂　●O　●●O₂
물　Pt 유효한 촉매　Pt 무효한 촉매

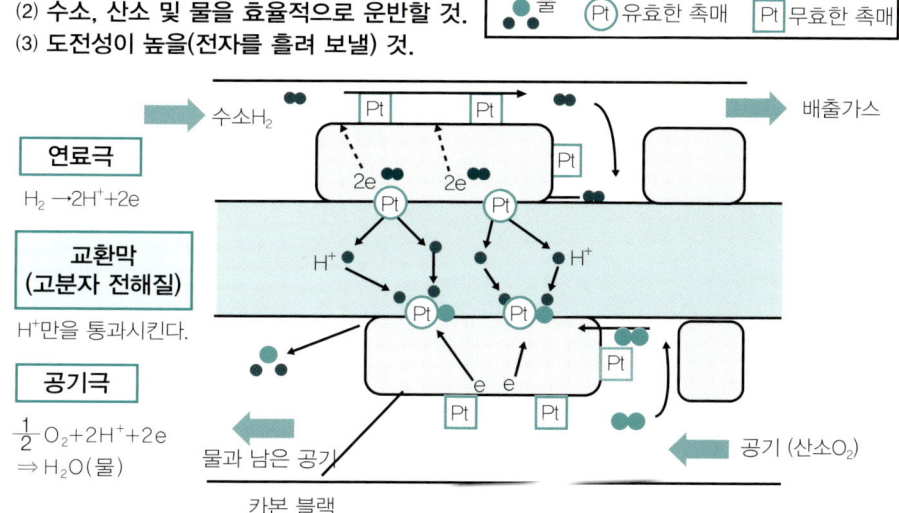

수소H₂

**연료극**

$H_2 \rightarrow 2H^+ + 2e$

**교환막 (고분자 전해질)**

H⁺만을 통과시킨다.

**공기극**

$\frac{1}{2}O_2 + 2H^+ + 2e$
$\Rightarrow H_2O(물)$

배출가스

물과 남은 공기

공기 (산소O₂)

카본 블랙

# 56 미라이는 자동차의 미래를 개척할까?

배출물은 물뿐 궁극적인 에코카 연료 전지 자동차

연료 전지 자동차(Fuel Cell Vehicle)는 탑재된 연료 전지에서 수소와 산소의 화학 반응을 통해 만들어진 전기 에너지를 사용함으로써 모터를 돌려 달리는 자동차이다. 내연기관 자동차가 가솔린 주유소에서 연료를 보급받듯이 연료 전지 자동차는 수소 스테이션에서 연료가 되는 수소를 보급받는다. 연료 전지 자동차에는 다음 특징이 있다.

① 주행 시 배출 물질은 물뿐이다. 가솔린 자동차나 디젤 자동차처럼 대기 오염의 원인인 이산화탄소나 일산화탄소, 질소산화물, 탄화수소, 벤젠, 부유 미립자상 물질을 전혀 배출하지 않는다.

② 현재 상태의 가솔린 자동차의 에너지 효율이 15~20%인데 반해 30% 이상으로 높다. 저출력 영역에서도 고효율을 유지할 수 있다.

③ 연료인 수소의 원료로 천연가스나 에탄올 등 석유 이외의 다양한 원료를 이용할 수 있어 미래가 우려되는 석유 고갈 문제를 걱정할 필요가 없다.

④ 연료 전지 자동차는 전기 화학 반응을 통해 전기를 만들어 내연기관 자동차의 엔진 소음이 없어 조용히 달릴 수 있다.

⑤ 전기 자동차는 장시간 충전이 필요하고 1회 충전으로 가능한 주행 거리는 약 200km로 짧다. 반면, 연료 전지 자동차는 수소 충전시간이 약 3분이며 1회 충전으로 가능한 주행 거리는 약 600km 이상으로 가솔린 자동차와 비슷하다. 이 5가지 특징이 있다.

연료 전지 자동차에는 수소 스테이션에서 직접 수소를 충진하는 "직접 수소형"과 메탄올 등의 원료를 충전해 차량에 탑재한 개질기로 수소를 제조하는 "차상 개질형" 2가지가 있다. 현재는 "직접 수소형"이 유망하다. 수소를 차량에 저장하는 방법은 고압 수소 탱크, 수소 흡장 합금 및 액체 수소 탱크 3가지가 있다. 연료 전지 자동차는 연료 전지만으로도 주행할 수 있지만 별도의 2차 전지나 커패시터를 함께 사용하는 하이브리드 방식도 검토 중이므로 미래에는 이 방식이 유망할 것으로 예상된다.

❖Tip❖
| 에너지 효율이 높다.
| 수소는 다양한 원료로 제조가 가능하다.
| 연료 충전 시간과 주행 가능 거리는 가솔린 자동차와 비슷하다.

## 연료 전지 자동차의 구조

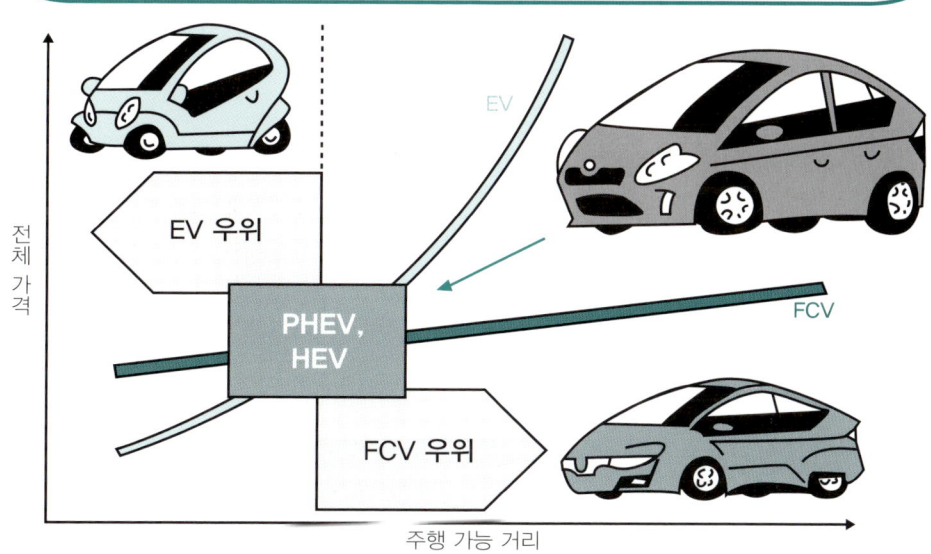

흡기

공기 → 산소 → 연료 전지 → 모터

수소 ← H₂ 수소 스테이션

2차 전지

고압 수소 탱크

배출물 → 물

수소 충진

## 주행 가능 거리와 전체 가격의 관계(연료 전지 자동차와 전기 자동차 비교)

전체 가격

EV

EV 우위

PHEV, HEV

FCV

FCV 우위

주행 가능 거리

# 57 포스트 리튬이온 전지는 무엇일까?

### 리튬·유황 전지와 금속·공기 전지

전동차용 전지의 역사적 흐름은 납전지 ⇨ 니켈수소 전지 ⇨ 리튬이온 전지로 발전하면서 에너지 밀도가 향상되어 왔다(현재는 100~150Wh/kg). 하지만 1회 충전으로 주행 가능한 거리를 가솔린 자동차만큼 늘리기 위해서는 약 600Wh/kg이 필요한데 이 수치는 리튬이온 전지로는 달성이 어려울 것으로 예상된다. 포스트 리튬이온 전지가 될 가능성이 있는 2개의 혁신적인 전지의 개발 과제를 소개하겠다.

(1) **리튬·유황 전지**: 포스트 리튬이온 전지로서 양극에 유황 S를 이용하고 음극에 금속 리튬을 이용한 리튬·유황 전지를 들 수 있다. 유황 양극 및 금속 리튬 음극은 기존의 양극, 음극과 비교하면 이론상 10배 이상의 용량이므로 이것을 병용하면 목표 달성이 기대된다. 유황 양극의 과제로는 전자 전달성이 양호하지 않다는 점, 리튬과 반응해 생성되는 폴리유화(硫化)리튬이 유기 전해액에 용해되어 사이클이 노화된다는 점을 들 수 있다. 이 과제들을 해결하려는 연구가 활발히 진행되고 있다. 2014년 8월 도호쿠대학은 미쓰비시가스화학과의 공동연구를 통해 축전 성능이 상당히 향상되는 유황 양극 및 금속 리튬 음극을 병용한 전(全)고체 리튬·유황 전지 개발에 성공했다고 언론에 발표한 바 있다.

(2) **금속·공기 전지**: 리튬·유황 전지보다 높은 에너지 밀도가 기대되는 전지로 금속·공기 전지를 들 수 있다. 다음 페이지 하단 그림은 금속·공기 전지의 작동 원리로서 연료 전지처럼 공기 중의 산소를 양극 활성 물질로 활용하므로 양극 활성 물질의 중량이 이론상 0이 되어 중량당 에너지 밀도가 비약적으로 높아진다. 금속·공기 전지는 이미 보청기 등의 1차 전지로 실용화되어 있다. 2차 전지로 이용하려면 연료 전지에서는 불필요한 충전 과정, 즉 공기극에서의 산소 발생 반응까지 취급할 필요가 있는 등의 난제가 있다.

❖Tip❖

| 이론적 용량이 뛰어난 리튬·유황 전지
| 1차 전지로는 실용화가 끝난 금속·공기 전지

## 전고체 리튬·유황 전지란?

유황–탄소/$LiBH_4$ 양극층

LiBH$_4$ 고체 전해질

금속 리튬 음극

본 연구에서 개발한
전고체 리튬 · 유황 전지 사진

### 충 · 방전 프로파일

20회 반복 충 · 방전 이후에도 유황 양극의 중량당 에너지 밀도 수치는 1,590Wh kg$^{-1}$(비용량 820mAhg$^{-1}$)로 높은 수치이었다. 최소한 45회 반복 충·방전 동작에 성공했지만 유황 양극 중량당 에너지 밀도는 1410Wh kg$^{-1}$(비용량 730mAhg$^{-1}$)로 안정적인 전지 동작이 확인되었다.

유황–탄소/$LiBH_4$ | $LiBH_4$ | Li
온도120℃, 충 · 방전 레이트 0.05C

전압/V

- 1회째
- 2회째
- 3회째
- 4회째

비용량/mAh g$^{-1}$

## 금속 · 공기 2차 전지란?

### 금속 · 공기 2차 전지의 원리

(+) 양극

대기 중 산소
(전자를 받아 수산화물 이온으로)

전극(촉매)

전해질(물질 A, B를 중개)

아연(전자를 방출해
아연 이온으로)

(−) 음극

전류의 역방향

전자의 이동

**포스트 리튬 전지**

### 금속 · 공기 1차 전지는 보청기용으로 실용화 중

외피

음극

개스킷

촉매 전극

발수막

용기

세퍼레이터

확산지

공기 구멍

# '자동차를 키운 아버지'
# 헨리 포드, 자동차 대량 생산 방식(포드 시스템) 확립

헨리 포드(1863~1947)는 농장 경영주 아버지 밑에서 태어났다. 하지만 농업에는 관심을 보이지 않고 언젠가 자동차를 만들겠다는 꿈을 꾸었다. 포드는 토머스 에디슨이 창업한 에디슨 조명회사에서 기술자로 일한 적이 있었는데 에디슨에게 자신의 꿈을 열성적으로 말했다고 한다.

포드는 1903년에 포드 모터사를 창업했다. 그는 자동차를 발명한 것은 아니지만 미국의 많은 중산층이 자동차를 싸게 구입할 수 있도록 대량 생산 방식을 확립했다. 바로 「포드 시스템」이다.

오늘날도 자동차 생산 방식의 기본은 포드 시스템이다. 이 시스템은 흐름 작업을 통한 대량 생산 방식으로서 오토메이션 방식이라고도 한다. 벨트 컨베이어에 의한 흐름 작업 속에서 소재가 기계 가공된 후 조립되어 완성품이 된다. 완성된 여러 부품이 일정 속도로 움직이는 최종 조립라인의 각 공정에 공급됨으로써 조립되면서 자동차가 속속 완성되는 시스템이다. 이 시스템으로 생산된 T형 포드는 1908년에 발매된 이후 1927년까지 기본적인 모델 변경 없이 약 1,500만 대가 생산되었다. 4륜 자동차에서 이 모델을 능가한 것은 포르쉐 박사가 설계한 폭스바겐 유형 1(2,100만 대)뿐이다.

도요타의 생산 방식도 포드 시스템과 마찬가지로 흐름 작업이 기본이다. 차이라면 부품 재고 대처 방식이다. 포드 방식은 대량의 부품 창고가 필요하지만, 도요타 방식은 "적시 생산 방식(Just In Time)"으로서 재고를 최소로 관리한다.

포드는 화학에도 관심을 보여 콩 등의 농산물에서 바이오 플라스틱을 만들거나 가솔린이 아닌 에탄올을 연료로 사용하는 시도도 했지만 널리 보급되진 않았다.

# 8

## 자동차 경량화를 뒷받침하는 플라스틱 재료와 성형 기술

# 58 노벨상을 안겨준 폴리프로필렌 수지 중합 기술
### 자동차에 가장 많이 사용되는 범퍼 등의 수지

**폴리프로필렌**(이하 PP)은 비중이 작아 자동차에 가장 많이 이용되는 수지이다. 이탈리아 줄리오 나타는 1954년 치글러 촉매를 기본으로 개량을 거듭한 끝에 당시까지 중합(重合)이 어려웠던 PP 중합에 성공했다. 나타의 성공은 화학 공업 발전사에서 다음 3가지 의의가 있다.

첫째, 효율적인 석유 자원의 활용이다. 폴리에틸렌의 원료인 에틸렌은 석유 증류를 통해 발생하는 나프타를 열분해해 생산한다. 나프타 열분해 공정에서는 에틸렌과 프로필렌 모두 생성된다. 에틸렌으로부터는 이미 폴리에틸렌을 생산하고 있었지만 나타가 PP 중합에 성공할 때까지 프로필렌은 용도가 없어 폐기 처리되었다. 폐기되던 이 프로필렌을 활용하게 된 것이다.

두 번째, 입체 규칙성 고분자의 합성이다. PP에는 곁사슬(側鎖)인 메틸기($-CH_3$)의 입체 규칙성 배열에 따라 ① 아이소택틱(Isotactic) PP(iPP) ② 신디오택틱(Syndiotactic) PP(sPP) ③ 어택틱(Atactic) PP(aPP) 3가지 형태가 있다. iPP는 메틸기(基)가 같은 방향을 가진 "입체 규칙성"이 있으므로 결정성(結晶性)이 높고 내열성, 강성, 충격성 등 재료 성능이 3가지 형태 중 단연 뛰어나다.

따라서 폴리프로필렌을 중합할 때의 핵심은 "입체 규칙성"이 있는 iPP의 수율(收率)을 높이는 방법이다. 당초 나타는 약 35%이던 iPP의 수율을 사염화(四鹽化)티탄을 삼염화티탄으로 바꾸어 약 85%까지 향상시켰다. 현재는 99%에 가까운 기술로 발전되었다.

세 번째는 입체 규칙성 고분자 합성법의 발견이 PP뿐만 아니라 다른 고분자 제조법도 비약적으로 향상시켰다는 점이다. 이 업적으로 치글러와 나타는 1963년 노벨화학상을 공동수상했다. PP는 자동차 범퍼와 인스트루먼트 패널, 엔진 냉각팬 등 다양한 부품에 사용되고 있다.

※ 수율(收率) : 원자재에 어떤 화학적 과정을 가하여 원하는 물질을 얻을 때 실제로 얻어진 물질과 이론상으로 기대했던 분량을 백분율로 나타낸 비율

❖Tip❖
Ⅰ "고분자 입체 규칙성"제어가 핵심
Ⅰ PP 중합기술 개발로 노벨상 수상
Ⅰ 범퍼 등 자동차에 가장 많이 사용되는 수지

## 나프타 열분해 공정(에틸렌 플랜트)의 개요

나프타는 탄소수가 6 이하인 사슬 포화 탄화수소.
나프타 열분해 공정은 에틸렌과 프로필렌이 주 목적물인 공정.

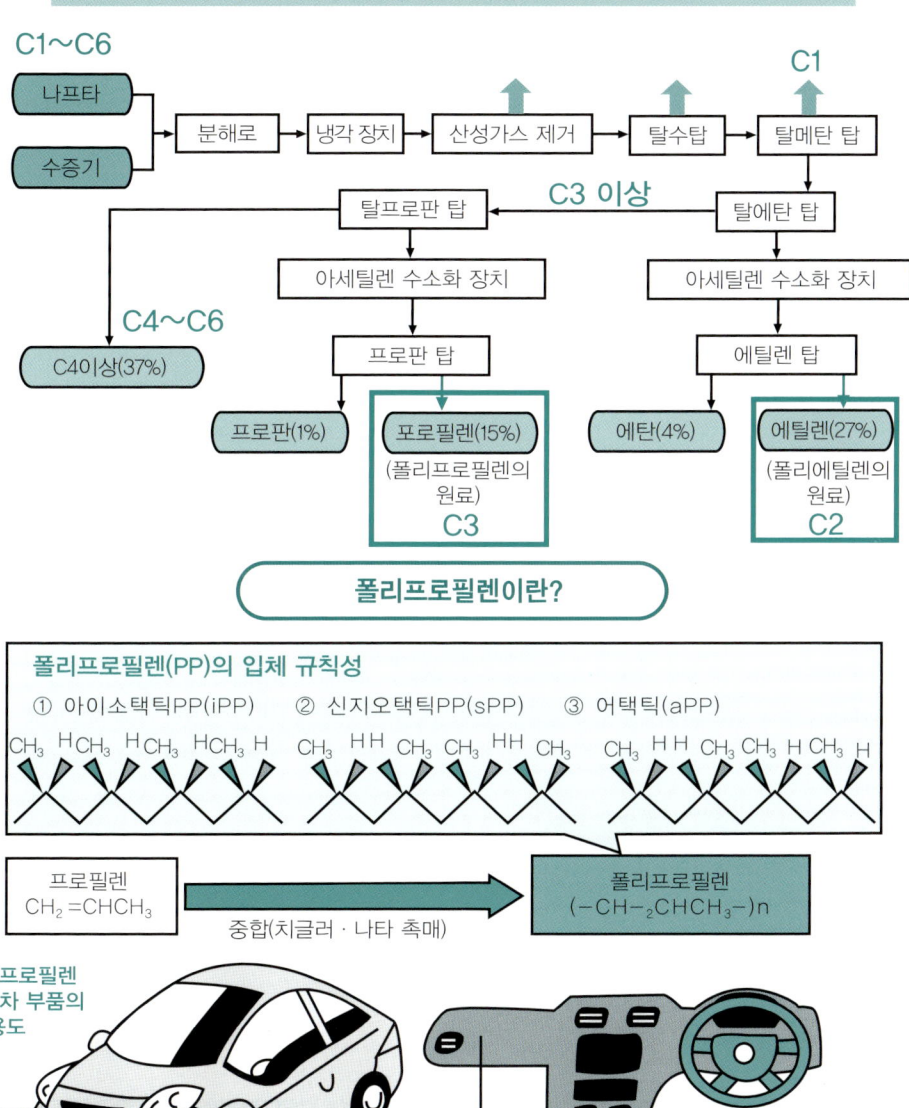

C1~C6

| 나프타 |
| 수증기 |

분해로 → 냉각 장치 → 산성가스 제거 → 탈수탑 → 탈메탄 탑

C1

C3 이상

탈프로판 탑 ← 탈에탄 탑

아세틸렌 수소화 장치 · 아세틸렌 수소화 장치

C4~C6

C4이상(37%)

프로판 탑 · 에틸렌 탑

프로판(1%) · 포로필렌(15%) (폴리프로필렌의 원료) C3

에탄(4%) · 에틸렌(27%) (폴리에틸렌의 원료) C2

## 폴리프로필렌이란?

### 폴리프로필렌(PP)의 입체 규칙성

① 아이소택틱PP(iPP)   ② 신지오택틱PP(sPP)   ③ 어택틱(aPP)

프로필렌
$CH_2 = CHCH_3$

중합(치글러 · 나타 촉매)

폴리프로필렌
$(-CH_2-CHCH_3-)n$

폴리프로필렌
자동차 부품의
주 용도

범퍼

인스트루먼트
패널

# 59 자동차를 더 고성능으로 만드는 엔지니어링 플라스틱

분자 구조를 공부해서 내열성 향상

폴리프로필렌 PP는 자동차에 가장 많이 쓰이는 수지 재료이다. 자동차에 사용되는 수지 재료는 PP 같은 범용성 수지 외에 재료 성능이 더 뛰어난 엔지니어링 플라스틱이나 수퍼 엔지니어링 플라스틱 재료가 적재적소에 이용되고 있다. 이 재료들은 내열성 등의 성능을 향상시키기 위해 분자 구조 자체 연구를 통해 신규 구조의 고분자를 창출한다.

예를 들어 듀퐁사의 천재 화학자 캐러더스는 이전에는 없던 '나일론66'의 분자 구조를 머릿속에 그리고 합성에 성공한 것이다. 제2차 세계대전 직전인 1938년 '석탄, 물, 공기'로 만들어진 완전한 인공 섬유로 공업화되었다.

이와 같이 나일론 계통이나 폴리에스테르 계통의 엔지니어링 플라스틱은 초기에는 인공섬유로서 세상에 선보였다가 이후 성형 재료로까지 사용되었다. 엔지니어링 플라스틱에 대한 엄밀한 정의는 없지만 일반적으로 100℃ 이상 환경에 장기간 노출되더라도 충분한 강도를 유지하는 것을 가리킨다.

특히 5대 엔지니어링 플라스틱으로 불리는 폴리아세탈, 폴리페닐렌옥시드, 폴리부틸렌테레프탈레이트, 나일론(폴리아미드) 및 폴리카보네이트는 자동차에도 많이 사용되고 있어 "주행, 호전, 정지"등의 성능 향상에 공헌하고 있다.

엔지니어링 플라스틱이라는 용어는 1960년에 듀퐁사가 폴리아세탈을 최초로 출시할 당시 쓰이게 되었다. 엔지니어링 플라스틱 1호는 나일론이 아니라 플로아세탈이다. PP 등의 범용 수지는 "이 소재는 어디에 쓸 수 있을까?" 라는 생각으로 용도가 확대되어 왔지만 엔지니어링 플라스틱은 시장 요구에 맞추어 주문 제작과 같은 재료 물성(物性)이 반영되었다. 그 후 결정성 수지는 PEEK, 비결정성 수지는 폴리이미드 등과 같이 내열성이 150℃를 넘는 수퍼 엔지니어링 플라스틱 재료가 개발되었다. 고가이지만 자동차에서도 적절히 사용되고 있다.

 ❖Tip❖

l 자동차에도 사용되는 5대 엔지니어링 플라스틱
l 범용 플라스틱 → 엔지니어링 플라스틱 → 수퍼 엔지니어링 플라스틱

## 자동차를 보다 고성능으로~엔지니어링 플라스틱

| 재료성능 | 비결정성 플라스틱 | 유리전이점(℃) | 결정성 플라스틱 | 평형융점(℃) |
|---|---|---|---|---|
| **슈퍼 엔지니어링 플라스틱** | | | | |
| | PI(폴리이미드) | 320 | PEEK(폴리에테르에테르케톤) | 350 |
| | PAI(폴리아미드이미드) | 275 | PTFE(폴리테트라풀루오에틸렌) | 346 |
| | PES(폴리에테르술폰) | 230 | PPS(폴리페닐렌술파이드) | 290 |
| **엔지니어링 플라스틱** | | | | |
| | PC(폴리카보네이트) | 150 | PA(나일론) | 260 |
| | PPO(폴리페닐렌옥시드) | 104~120 | PBT(폴리부틸렌텔레레이트) | 227 |
| | | | POM(폴리아세탈) | 183 |
| **범용 플라스틱** | | | | |
| | PMMA(폴리메타크릴산메틸) | 105 | PP(폴리프로필렌) | 188 |
| | PVC(폴리염화비닐) | 87 | PE(폴리에틸렌) | 140 |
| | ABS 수지 | 80~125 | | |

**캐러더스**
1938년, "석탄, 물, 공기"로 만들어진 완전한 인공 섬유 나일론

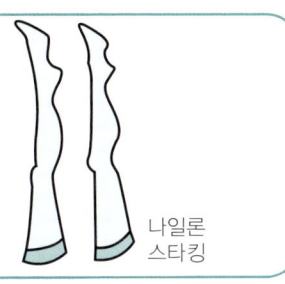

나일론 스타킹

## 5대 엔지니어링 플라스틱의 특징과 자동차에서의 용도

| 종류 | 관능기 | 명칭 | 분자 구조와 특징 | 자동차에서의 용도 |
|---|---|---|---|---|
| 에테르 계통 | $-O-$ | POM (폴리아세탈) | 내마모성, 윤활성 풍부 $(-O-CH_2-)_n$ | • 유리창 승강 부품<br>• 도어 부품 (기어, 액추에이터) |
| | | PPO (폴리페닐렌옥시드) | 수치 정밀도 양호 | • 스피드미터 등의 미터 부품 |
| 에스텔 계통 | $-O-C-$ ( =O ) | PBT (폴리부틸렌텔레레이트) | 절연체 등 전기적 특성 양호 | • 와이어 하니스 커넥터<br>• 도어 부품 |
| 아미드 계통 | $-N-C-$ ( H, =O ) | PA6 나일론 (폴리아미드6) | 기계적 특성 양호 $(-N-(CH_2)_5-C-)_n$ | • 엔진 냉각 부품<br>• 엔진 흡기 부품 (인테이크 매니폴드) |
| 카보네이트 계통 | $-O-C-O-$ ( =O ) | PC(폴리카보네이트) | 투명하고 충격성이 높다. | • 외장 부품(도어 핸들)<br>• 헤드라이트의 렌즈 |
| 참고 | | PP(폴리프로필렌) | 비중이 0.9로 가장 가볍다. $(-CH_2CHCH_3-)_n$ | • 내장 부품<br>• 범퍼 |

# 60 알루미늄보다 가볍고, 철보다 강한 탄소 섬유
자동차 경량화의 주역

1879년에 토머스 에디슨과 조세프 스완이 전구를 발명했다. 에디슨은 교토에서 입수한 대나무를 태워 만든 탄소 섬유를 이용해 전구의 성능을 높였다. 이것이 최초로 탄소 섬유를 공업적으로 사용한 상황이다.

이후 전구 필라멘트는 텅스텐으로 교체되었지만 탄소 섬유는 수지 재료의 강화 소재로서 현재는 스포츠용, 항공 우주용 및 압력 용기·자동차·풍차 등의 산업용으로 큰 시장을 차지하며 앞으로도 용도가 확대될 것으로 예상된다.

**탄소 섬유**란 글자 그대로 탄소(흑연)가 한 방향으로 이어진 섬유이다. 탄소 섬유는 "알루미늄보다 강하고 철보다 가볍다"라고 할 만큼 "가볍고 강한"것이 최대 특징이다. 비중은 1.8로 다른 재료(철 7.8, 알루미늄 2.7, 유리 2.5)보다 작다. 탄성률과 강도도 커 각각 비중으로 나눈 비탄성률은 철의 10배, 비강도는 철의 7배나 될 만큼 재료 성능이 뛰어나다. 그 때문에 금속을 대체할 경량화 재료의 선두주자로 자리잡고 있다.

탄소 섬유는 폴리아크릴니트릴(PAN) 섬유나 피치 섬유를 불활성 분위기 속에서 찜으로써 탄소 이외의 원소(수소나 질소)를 이탈시켜 만든다. 현재 시장의 약 99%가 PAN 계통의 탄소 섬유이다.

자동차 수지 재료인 폴리프로필렌 PP이나 나일론 PA 등은 필요하면 탄성률이나 강도를 향상시키므로 현재는 주로 유리 섬유로 강화시킨 복합 재료로 이용되고 있다. 이 강화 소재로서 유리 섬유를 대신해 탄소 섬유로 강화한 복합 수지 재료(CFRP)를 금속 대체재로 이용함으로써 자동차 경량화 작업이 기대된다.

유럽을 비롯해 전 세계의 자동차에 사용되는 중이다. 강화 섬유가 길수록 제품(성형품)의 물적 특성은 향상되지만 반대로 생산 시 생산성이 떨어져 비용이 증가하는 관계가 있다.

❖Tip❖
ㅣ 아크릴 섬유에서 탄소 섬유를 만드는 PAN 계
ㅣ CFRP는 금속으로 변환하는 경량화 재료의 본래의 사명

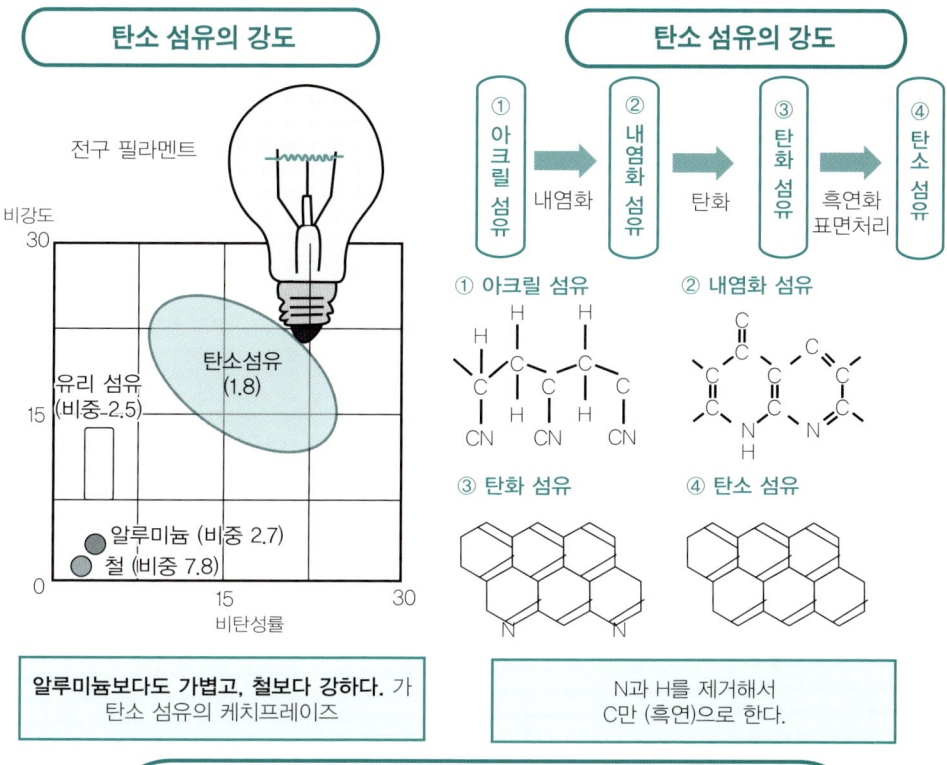

## 탄소 섬유의 강도

전구 필라멘트

비강도

탄소섬유 (1.8)

유리 섬유 (비중-2.5)

알루미늄 (비중 2.7)
철 (비중 7.8)

비탄성률

**알루미늄보다도 가볍고, 철보다 강하다.** 가 탄소 섬유의 케치프레이즈

## 탄소 섬유의 강도

① 아크릴 섬유 → 내염화 → ② 내염화 섬유 → 탄화 → ③ 탄화 섬유 → 흑연화 표면처리 → ④ 탄소 섬유

① 아크릴 섬유

② 내염화 섬유

③ 탄화 섬유

④ 탄소 섬유

N과 H를 제거해서 C만 (흑연)으로 한다.

## 성형 도중의 강화 섬유의 길이와 재료의 물적 특성·생산성의 관계

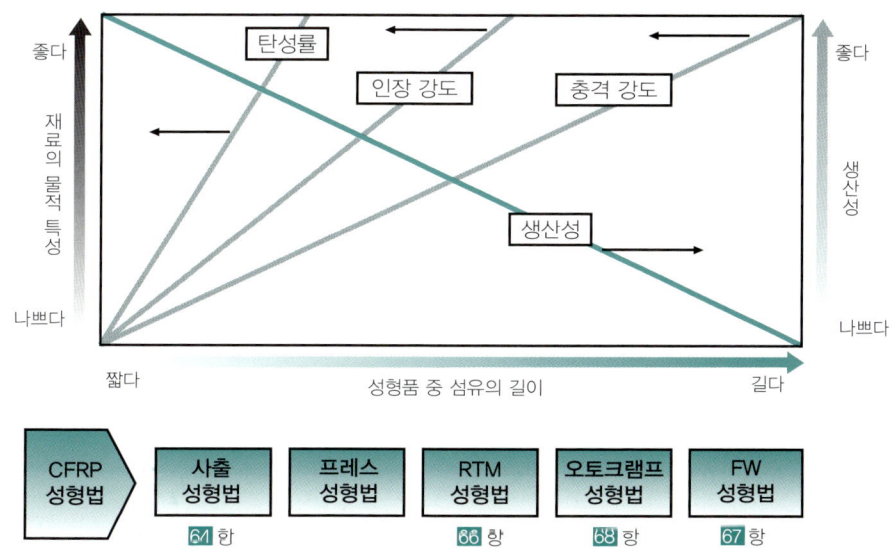

좋다 / 나쁘다

재료의 물적 특성

탄성률

인장 강도

충격 강도

생산성

좋다 / 나쁘다

생산성

짧다 → 성형품 중 섬유의 길이 → 길다

CFRP 성형법 →
사출 성형법 | 프레스 성형법 | RTM 성형법 | 오토크램프 성형법 | FW 성형법

64 항 | | 66 항 | 68 항 | 67 항

# 61 열은 통하지만 전기는 통하지 않는 "편파적"인 재료

하이브리드 자동차를 떠받치는 하이브리드 재료

**수지 재료**는 철 등의 금속 재료보다 ① 내열성이 낮다, ② 강도가 약하다는 단점이 있다. 이 단점을 극복하기 위해 엔지니어링 플라스틱, 나아가 수퍼 엔지니어링 플라스틱과 같이 분자 구조 자체를 새로운 구조로 바꾼 고분자가 개발되었다. 또한, 고분자 단독 개량으로는 한계가 있으므로 유리 섬유나 탄소 섬유로 강화한 복합 수지 재료가 개발되어 왔다고 설명한 바 있다.

금속에 대한 수지의 다른 특징으로는 ③ 전기가 통하지 않는다, ④ 열이 잘 전달되지 않는다(열전도율이 낮다)는 점을 들 수 있다. 이 점들은 반드시 단점만은 아니며 오히려 이 특징을 장점으로 살릴 수 있는 전기적 절연성이나 보온성이 요구되는 제품에 수지 재료를 적극적으로 이용하고 있다.

그러나 최근 전기적 절연성은 확보하면서도 열만 전달해 방열성을 향상시켜달라는 요구가 늘고 있다. 예를 들어 컴퓨터 케이스에 일반적인 수지 재료를 이용할 경우 열전도성이 떨어져 컴퓨터 내부에서 발열된 열이 잘 빠져나가지 못한다. 방열성을 높여 컴퓨터의 성능을 더 향상시켜 달라는 요구가 있는 것이다.

LED 조명기기나 액정 디스플레이 조명기기에서도 똑같은 요구가 있다. 자동차에서도 다양한 크기의 모터를 사용하므로 모터의 권선에서 발열된 열을 신속히 밖으로 빼달라는 요구가 있다. 이 요구에 따라 "전기적 절연성"과 "고열전도성"을 겸비한 세라믹 재료를 수지 재료 안에 균등하게 분산시킨 '고열전도성 수지'(하이브리드 재료)가 개발되어 실용화되고 있다.

금속은 자유전자가 있으므로 열과 전기를 동시에 전달하지만 수지는 열과 전기 모두 전달이 잘 안 된다. 반면, 세라믹 재료는 격자 진동에 의한 열전도이므로 열은 잘 전달되지만 전기는 잘 전달되지 않는 특징이 있으므로 하이브리드 재료는 이 특징을 잘 활용하는 것이다. 덧붙이면 세상에서 열전달이 가장 쉬운 물질은 금속이 아니라 다이아몬드이다.

❖Tip❖

Ⅰ 고열전도성과 전기적 절연성을 양립시키는 하이브리드 재료
Ⅰ 격자 진동이 열을 전한다.

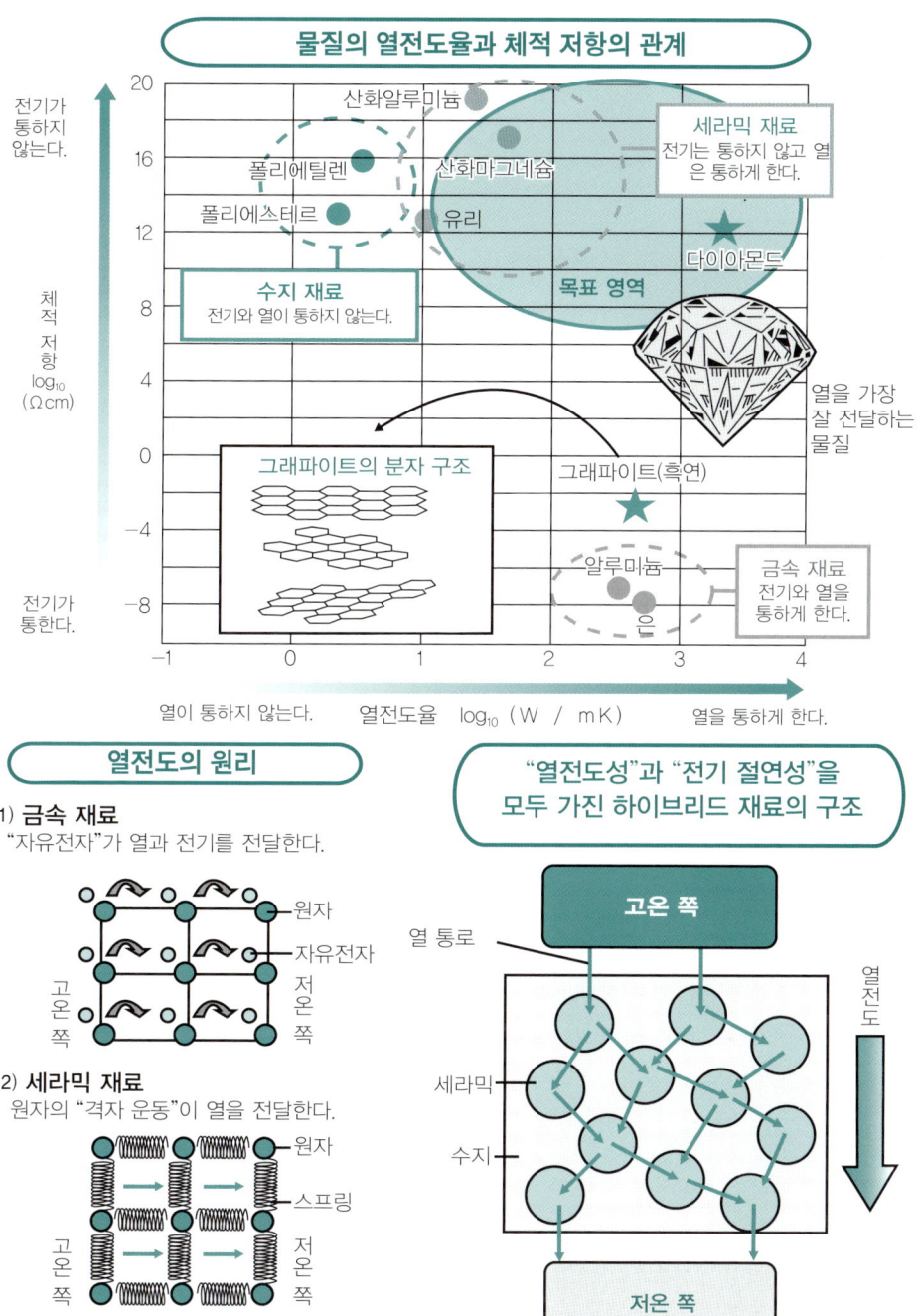

## 물질의 열전도율과 체적 저항의 관계

전기가 통하지 않는다.

세라믹 재료
전기는 통하지 않고 열은 통하게 한다.

산화알루미늄
폴리에틸렌 산화마그네슘
폴리에스테르 유리

다이아몬드

수지 재료
전기와 열이 통하지 않는다.

목표 영역

열을 가장 잘 전달하는 물질

체적 저항 $\log_{10}$ (Ωcm)

그래파이트의 분자 구조

그래파이트(흑연)

알루미늄
은

금속 재료
전기와 열을 통하게 한다.

전기가 통한다.

열이 통하지 않는다.　열전도율　$\log_{10}$ (W / mK)　열을 통하게 한다.

## 열전도의 원리

(1) 금속 재료
"자유전자"가 열과 전기를 전달한다.

원자
자유전자
고온 쪽
저온 쪽

(2) 세라믹 재료
원자의 "격자 운동"이 열을 전달한다.

원자
스프링
고온 쪽
저온 쪽

(3) 수지 재료
세라믹보다 "격자 진동"이 약하다.

## "열전도성"과 "전기 절연성"을 모두 가진 하이브리드 재료의 구조

고온 쪽

열 통로

세라믹

수지

열전도

저온 쪽

143

# 62 "흘리기, 형상화, 굳히기"가 성형 기술의 기본

**형태로 만드는 방법은 다종다양**

플라스틱 재료의 성형 기술은 "고온화 등을 통해 유동성을 부여한 플라스틱 재료에 최종 제품과 거의 동일한 형상으로 만들어 고체화시켜 빼내는 기술"이다. 구체적으로 ① 흘리기(플라스틱 재료에 유동성을 준다) ② 형상화하기(소정의 형태로 만든다) ③ 굳히기(소정 형태 그대로 고체화시킨다) 3가지 과정이다.

①의 고온화를 통한 "흘리기"과정을 통해 "유동성이 주어진" 수지 재료에 힘을 가해 소정의 형상으로 만드는 것이 "형상화하는"과정이다.

플라스틱 성형법은 이 형상화 방법이 다양한데 다음과 같이 분류되고 있다.

(1) 형태의 3차원 형상을 전사(轉寫)하는 방법

① 수틀과 암틀 양쪽 틀을 이용해 양틀 사이에 소정의 3차원 형상(Cavity)을 미리 만들어둔 다음 그 공간으로 재료를 가압하면서 닫는 방법. 사출 성형이나 압축 성형 등.

② 암틀만 이용해 수틀 표면에 재료를 가압하면서 붙이는 방법. 블로우 성형이나 진공 성형 등.

(2) 추출구의 2차원 형상을 전사하는 방법. 유동성이 있는 재료를 추출구로 압출(壓出)함으로써 압출기에 미리 만들어 놓은 소정의 2차원 형상을 연속 전사하는 방법. 압출 성형, 인발 성형, 필름 성형, 방사(紡絲) 성형 등.

이 방법들 중 (1) ①은 금속 성형의 진행 과정과 비슷하다. 사출 성형은 알루미늄 다이캐스트나 철 주조, 압축 성형은 단조 성형에 해당한다. 그러나 (1) ① 이외의 방법은 용융금속에서는 실현하기 어렵고 수지 재료여서 가능한 공업이라고 할 수 있을 것이다. 왜 수지 재료만 블로우 성형이나 압출 성형이 가능한 것일까?

수지 재료만 점탄성 거동을 보이고 유동성을 가진 상태에서도 유체의 성질뿐만 아니라 고체의 탄성까지 갖고 있기 때문이다. 이 공법들은 수지 재료의 특징을 잘 활용하고 있다. 자동차 분야에서 실제로 계속 사용 중인 성형법에 대해 살펴보겠다.

❖Tip❖
┃ 고온화를 통해 재료를 쉽게 다루기 위한 "흘리기"
┃ 의도한 대로 형상을 만드는 "형상화하기"
┃ 성형품을 냉각시켜 "굳히기"

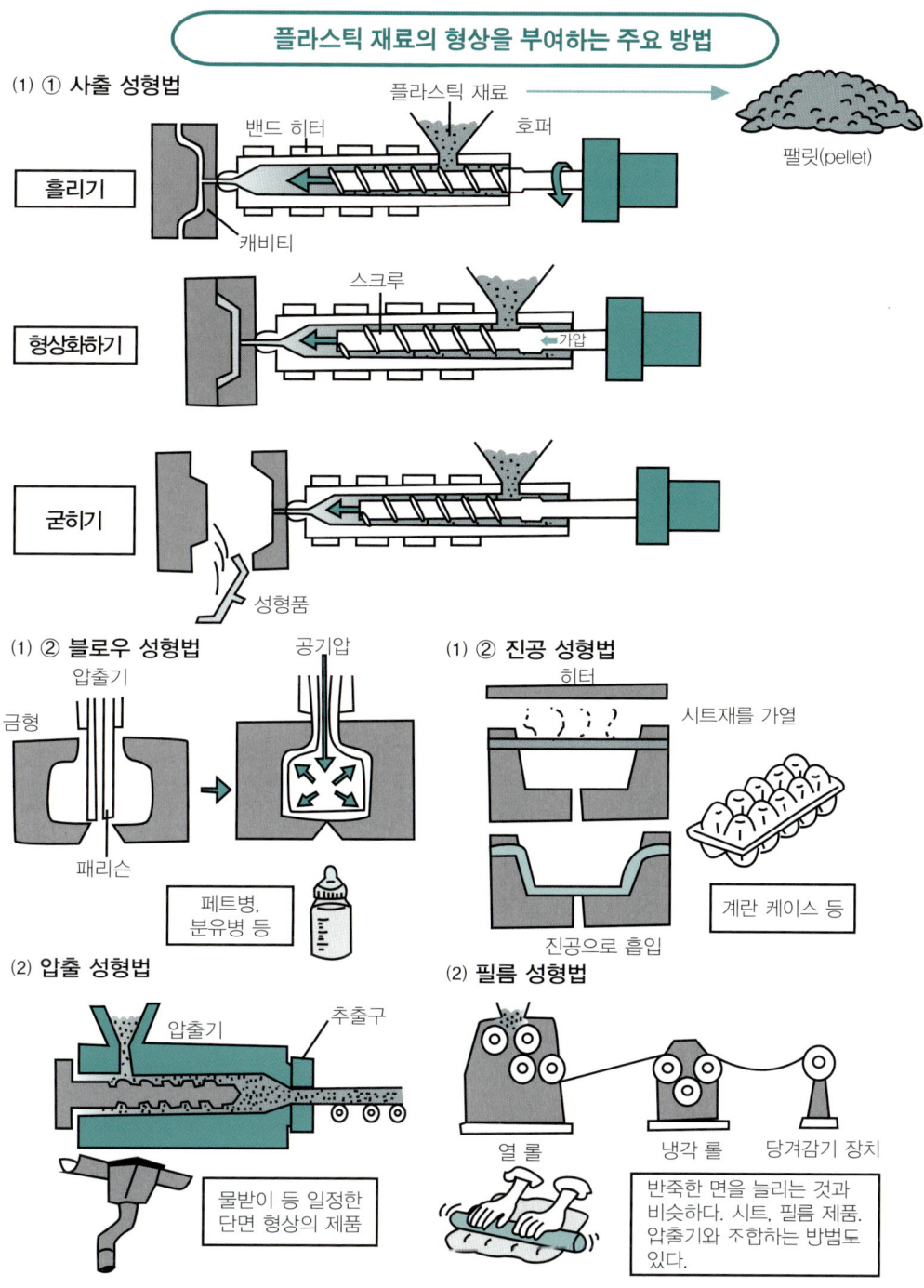

플라스틱 재료의 형상을 부여하는 주요 방법

(1) ① 사출 성형법

플라스틱 재료
밴드 히터
호퍼
팰릿(pellet)

흘리기
캐비티

형상화하기
스크루
가압

굳히기
성형품

(1) ② 블로우 성형법
압출기
공기압
금형
패리슨
페트병, 분유병 등

(1) ② 진공 성형법
히터
시트재를 가열
진공으로 흡입
계란 케이스 등

(2) 압출 성형법
압출기
추출구
물받이 등 일정한 단면 형상의 제품

(2) 필름 성형법
열 롤
냉각 롤
당겨감기 장치
반죽한 면을 늘리는 것과 비슷하다. 시트, 필름 제품. 압출기와 조합하는 방법도 있다.

# 63 플라스틱 성형의 원점, 압출 성형

마카로니를 만드는 방법으로 자동차 몰딩도 가능하다.

압출기가 물건 제작에 사용되기 시작한 것은 18세기이다. 산업 혁명 이전부터 유럽에서 융성했던 식품 산업의 마카로니 등을 제조할 때 램 방식 압출기가 최초로 이용되었다. 램 방식은 램(Ram)의 왕복에 따른 간헐운전이므로 오늘날과 같은 연속 성형을 못 한다. 또한, 스크루에 의한 전단(剪斷) 발열도 없어 필요한 에너지를 압출해 배럴로부터의 열전도에 의존했으므로 재료 온도가 균일하지 않고 가소화 능력도 떨어졌다.

그 후 19세기 중엽 전기 통신 분야의 혁명적인 발전이 압출기의 초기 발전에 큰 영향을 미쳤다. 1866년에 프랑스인 울프에 의해 오늘날의 압출기 기본형인 스크루 방식 압출기가 개발되어 고무 전선 피복이 공업화되었다.

1939년에 독일 기업이 플라스틱용 단축(單軸) 스크루 압출기를 제작하는데 이 기계는 스크루 길이와 배럴 온도 제어 및 스크루 회전수 제어 등의 기능 면에서 오늘날의 수준과 비슷한 장치이다.

배럴에 내장된 스크루가 회전함으로써 수지 재료를 앞쪽으로 보내거나 회전에 따른 전단 에너지로 수지 온도를 고온화시키는 기본 원리는 다음에 설명할 사출 성형법이나 블로우 성형법에도 이용되는 등 수지 성형의 원점이라고 할 수 있는 원리이다.

**압출 성형법**은 일정한 단면 형상의 제품을 만드는 방법이다. 마카로니나 스파게티에는 다양한 단면의 형상이 있는데 다이스(Dies)를 그 형상으로 미리 가공해 놓고 그 형상을 연속적으로 전사해 만든다.

자동차 부품에서는 윈드몰 등의 몰딩 제품이 압출 성형으로 생산되고 있다. 제조 방식의 원리는 마카로니와 똑같다. 재료가 천연 고분자인 소맥분(다당류)인가, 합성 고분자(수지)인가, 먹을 수 있는 것인가, 먹을 수 없는 것인가의 차이만 있을 뿐이다. 하나의 다이스에 복수의 압출 성형기를 조합함으로써 같은 단면에 다른 수지 재료를 배치할 수도 있다(다음 페이지 하단 그림).

❖Tip❖
Ⅰ 최초 압출품은 수지가 아닌 마카로니
Ⅰ 압출 성형은 일정한 단면 형상의 제품을 만드는 방법
Ⅰ 자동차 몰딩 제품은 압출 성형으로 만든다.

## 마카로니 제조 방법

마카로니 제조 공정

1. 소맥을 갈아 가루로 만든다.

⬇

2. 물을 추가해 반죽한다.
(베이스를 만든다.)

⬇

3. 압력을 가해 마카로니를
압출한다.

⬇

4. 절단한다.(회전 커터)

⬇

5. 건조 시킨다.

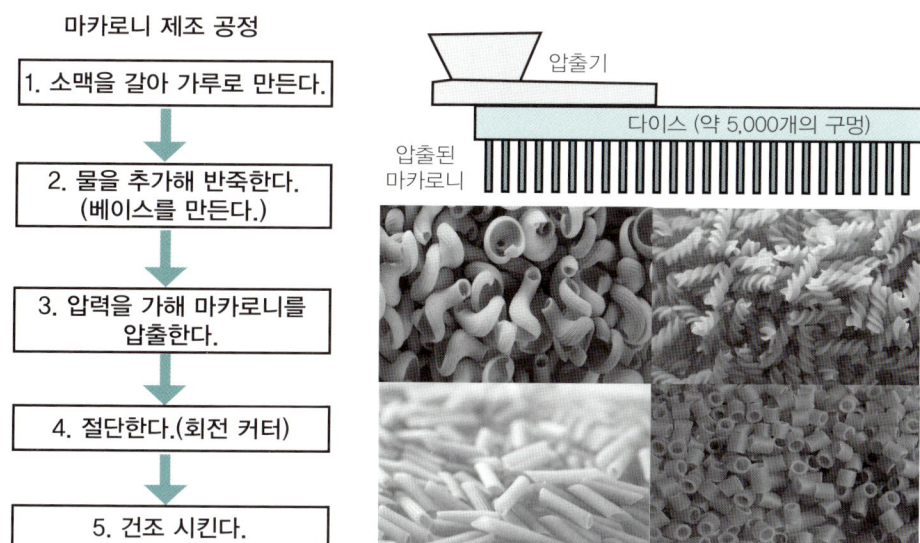

마카로니의 종류에 따라 다이스의 형상이 달라진다.

## 자동차의 몰딩 제품 예 … 윈드몰

윈드 몰이란 자동차 보디와 유리 사이의 틈새를 막는 제품이다.
그 중 윈드실드 몰에는 주행 시의 풍절음이나 스치는 음을 방지하는 기능이 있다.
폴리염화비닐, 올레핀 계통 일래스터머(elastomer) 등의 수지 재료가 이용된다.

### 윈드실드 몰의 단면

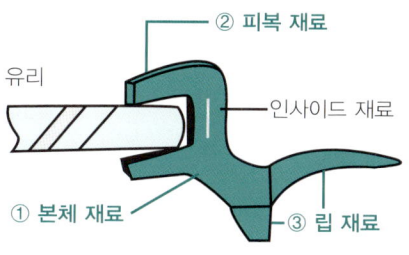

유리
② 피복 재료
인사이드 재료
① 본체 재료
③ 립 재료

**각 구성 수지 재료의
주 목적**

① 본체 재료: 유리와의 결합력 확보
② 표피 재료: 디자인성 및 내후성
③ 립 재료: 유리 및 보디와의 '스치는 음' 방지

# 64 수지 성형법의 에이스, 사출 성형법

자동차와 마찬가지로 전동화가 진행 중인 사출 성형기

사출 성형의 역사적 기원은 1850~1870년대 금속 다이캐스트 머신으로 거슬러 올라간다.

**다이캐스트 머신**의 사출 기구는 원래 플런저 방식이므로 탄생 당시 수지의 사출 성형기도 "플런저 방식"을 기초로 하여 개발되었다.

하지만 이 성형기는 열안정성이 상당히 낮아 거의 보급되지 않았다. 이 문제를 해결하기 위해 1936년 독일에서 재료가 더 쉽게 녹도록 토피도(Torpedo)를 내장한 가열 실린더 기구인 "토피도 내장 플런저 방식"이 제1세대 실용 사출 성형기로 개발되었다.

또한 가소화 능력(생산성) 향상을 목적으로 1948년 미국에서는 사출 플런저와 별도로 예비 가소화 장치로 스크루 압출 장치를 이용한 "스크루 프리플라스틱 방식"이 제2세대로 개발되었다.

더 나아가 1950년대 들어 사출기구 간소화나 저가격을 목표로 스크루와 플런저를 일체화함으로써 스크루를 왕복시키는 "인라인 스크루 방식(62항 그림 참조)"의 제3세대 연구 개발이 시작되면서 1957년에는 미국, 1958년에는 독일에서 각각 실용화되었다. 어느 방식이든 구동 동력은 유압이다.

그 후 3가지 방식 중 인라인 스크루 방식이 수많은 개량을 거치면서 간결한 구조를 통한 품질과 비용적인 장점 덕분에 점차 시장을 석권해나가더니 오늘날 주류가 되었다.

압출 성형법은 일정한 단면의 2차원 형상의 제품을 만드는 방법이었다. 반면, 사출 성형법은 수틀과 암틀을 이용해 3차원 형상의 제품을 만들 수 있으므로 자동차의 많은 수지 부품이 이 공법으로 만들어지고 있다.

다음 페이지의 그림은 자동차 엔진룸 안의 주요 수지부품이다. 6장에서 자동차 전동화 동향을 설명한 바 있는데 사출 성형기에서도 똑같은 움직임을 볼 수 있다. 에너지 절약 관점에서 구동 동력으로 유압을 이용하던 유압기로부터 전동 모터를 이용하는 전동 성형기로 바뀌고 있는 것이다.

❖Tip❖
- 사출 성형법은 3차원 형상의 제품을 만들 수 있다.
- 자동차의 많은 수지 부품들은 사출 성형법으로 만들어진다.
- 자동차와 마찬가지로 사출 성형기도 전동화되고 있다.

## 사출 성형기의 개발 역사

| 세대 | 방식 | 구동원 | 년 | 나라 |
|---|---|---|---|---|
| 제0세대 | 플런저 방식 | 유압 | 1872년 | 미국 |
| 제1세대 | 토비드 내장 플런저 방식 | 유압 | 1936년 | 독일 |
| 제2세대 | 스크루 프리플라스틱 방식 | 유압 | 1948년 | 미국 |
| 제3세대 | 인라인 스크루 방식 | 유압 | 1957~58년 | 미국, 독일 |
| | 인라인 스크루 방식 | 전동 모터 | 1984년 | 일본 |

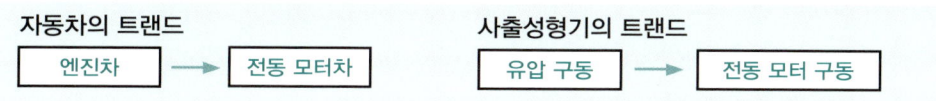

**자동차의 트랜드**

엔진차 → 전동 모터차

**사출성형기의 트랜드**

유압 구동 → 전동 모터 구동

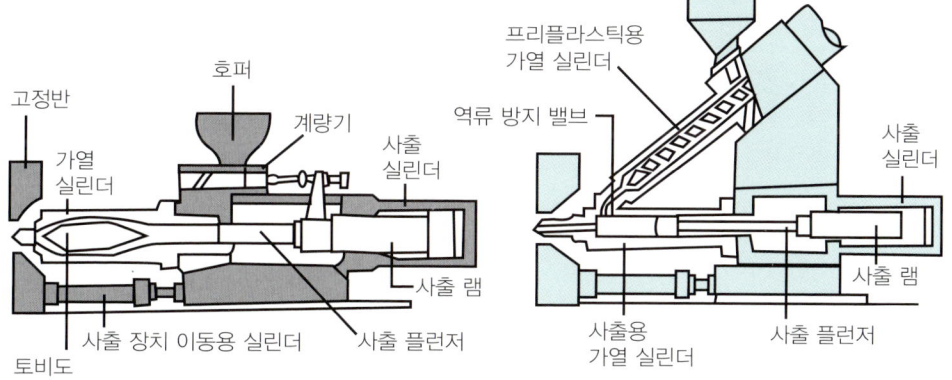

토피도 내장 플런저 방식

고정반 / 호퍼 / 계량기 / 사출 실린더 / 가열 실린더 / 사출 램 / 사출 장치 이동용 실린더 / 사출 플런저 / 토비도

스크류 프리플라스틱 방식

프리플라스틱용 가열 실린더 / 역류 방지 밸브 / 사출 실린더 / 사출 램 / 사출용 가열 실린더 / 사출 플런저

## 자동차 엔진룸 안의 주요 플라스틱 제품 부품

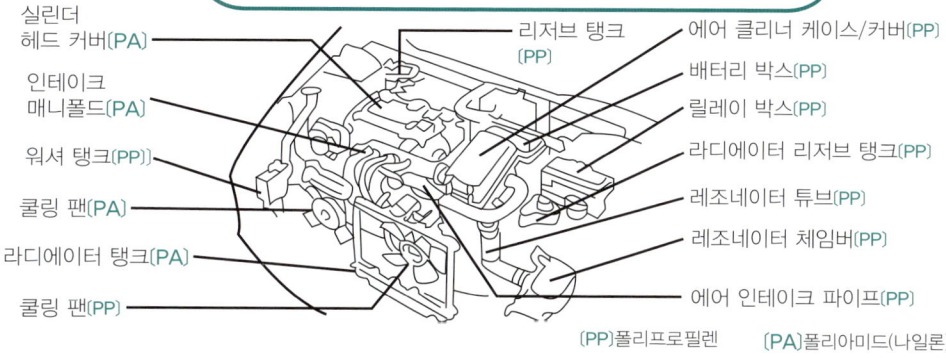

실린더 헤드 커버〔PA〕 / 인테이크 매니폴드〔PA〕 / 워셔 탱크〔PP〕 / 쿨링 팬〔PA〕 / 라디에이터 탱크〔PA〕 / 쿨링 팬〔PP〕 / 리저브 탱크〔PP〕 / 에어 클리너 케이스/커버〔PP〕 / 배터리 박스〔PP〕 / 릴레이 박스〔PP〕 / 라디에이터 리저브 탱크〔PP〕 / 레조네이터 튜브〔PP〕 / 레조네이터 체임버〔PP〕 / 에어 인테이크 파이프〔PP〕

〔PP〕폴리프로필렌    〔PA〕폴리아미드(나일론)

# 65 고대부터 있었던
## 블로우 성형으로 하이테크 연료 탱크를 만든다.
**3차원 중공 형상의 제품을 만드는 방법**

블로우 성형(Blow)이란 중공(中空) 제품을 만드는 성형법이다. 재료를 유리까지 확대하면 블로우 성형의 역사는 기원전 1세기 중반인 고대까지 거슬러 올라간다. '분유리 기법'은 동지중해 페니키아인에 의해 발명되어 화병이나 항아리 등을 만드는데 이용되었다.

분유리란 가는 철 파이프 끝에 녹은 유리를 붙이고 바람을 불어넣어 유리를 둥글게 팽창시키는 기법이다. 오늘날에도 공예품 등에 이용되고 있다.

수지 재료로 재료를 한정하면 19세기까지 가까워진다. 블로우 성형의 역사는 병(Bottle)의 역사라고 해도 과언이 아닐 정도로 오늘날 폴리에틸렌 테레프탈레이트(PET) 병이 대량 생산되고 있다. 처음에 보틀 성형은 간단한 압출 블로우 성형이 대세였지만 최근 보틀 기능 향상을 위해 다층 블로우 성형이 주류가 되었다. PET 수지와 산소를 투과시키지 않는 기능성 수지를 다층화함으로써 음료수의 산화·노화를 방지한다. 이 기술을 적용해 자동차 가솔린 탱크 수지화가 진행되고 있다.

기존 가솔린 탱크가 모두 금속 제품인 반면, 수지 제품의 탱크는 ① 경량화가 가능하다, ② 녹이 안 슨다, ③ 형상 자유도가 높아 공간을 효율화할 수 있다, ④ 녹 방지를 위한 납 코팅이 불필요해 환경친화적 등의 장점이 있다. 그래서 유럽에서는 약 90%, 미국에서는 약 70%가 수지로 탱크를 만들고 있다.

가솔린에서는 탄화수소 분자가 휘발하고 있어 대기 오염의 원인 중 하나로 지목받고 있다. 금속 제품의 탱크에서는 이 휘발 탄화수소 분자가 대기 중으로 방출되는 경우는 없다. 그러나 폴리에틸렌(PE) 단일 재료를 사용한 탱크에서는 휘발 분자가 대기 중으로 방출되는 문제가 있다.

PE 고분자 사이에는 틈새가 많아 작은 휘발 탄화수소 분자가 이 틈새로 빠져나가기 때문이다. 이 문제를 해결한 것이 바로 탄화수소를 투과시키지 않는 수지와의 다층 블로우 성형 기술이다.

**❖Tip❖**

Ⅰ **수지 블로우 성형의 역사는 병의 역사**
Ⅰ **자동차 가솔린 탱크는 다층 블로우 성형으로 만들어져 있다.**

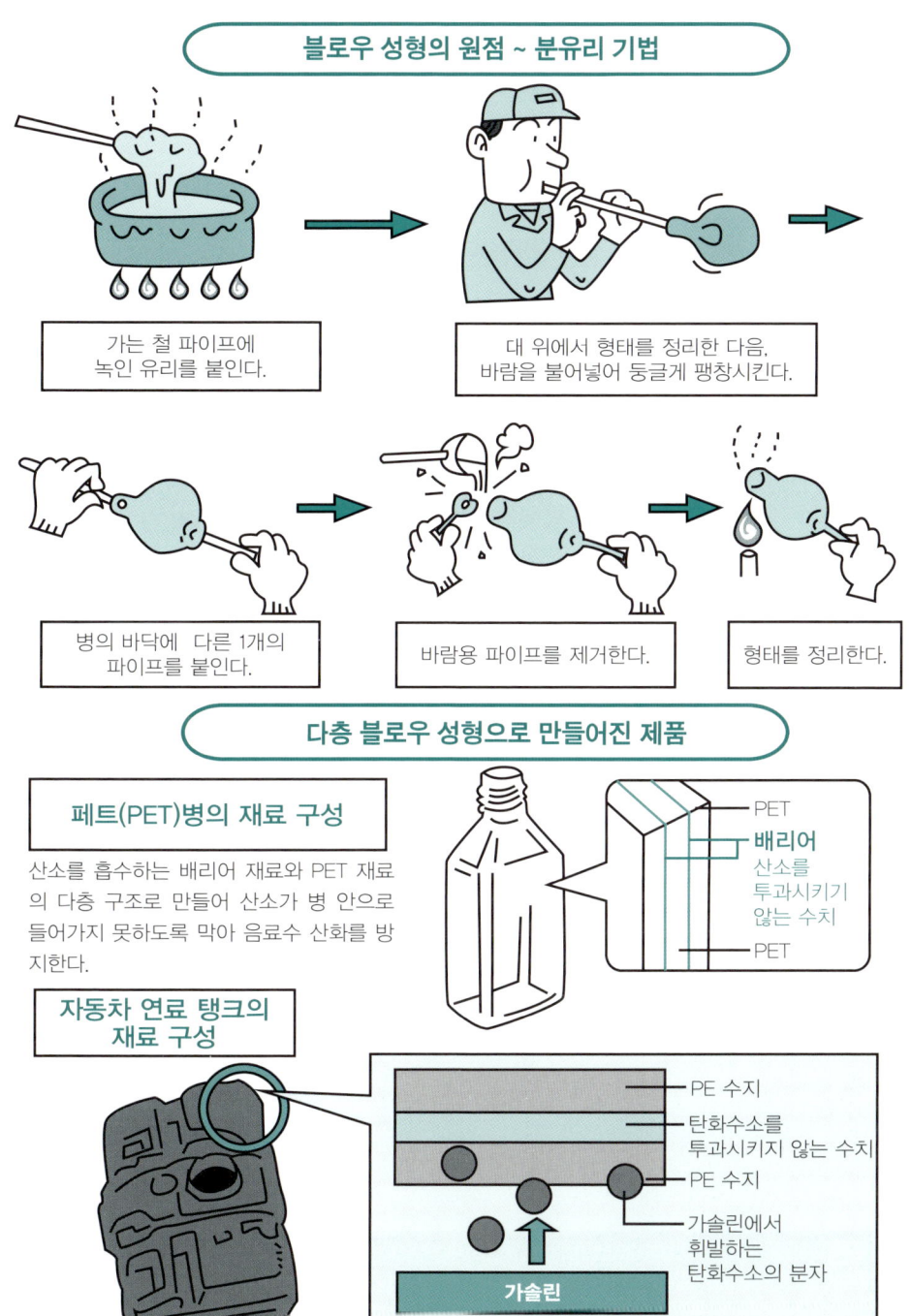

## 블로우 성형의 원점 ~ 분유리 기법

가는 철 파이프에
녹인 유리를 붙인다.

대 위에서 형태를 정리한 다음,
바람을 불어넣어 둥글게 팽창시킨다.

병의 바닥에 다른 1개의
파이프를 붙인다.

바람용 파이프를 제거한다.

형태를 정리한다.

## 다층 블로우 성형으로 만들어진 제품

### 페트(PET)병의 재료 구성

산소를 흡수하는 배리어 재료와 PET 재료
의 다층 구조로 만들어 산소가 병 안으로
들어가지 못하도록 막아 음료수 산화를 방
지한다.

PET
배리어
산소를
투과시키기
않는 수치
PET

### 자동차 연료 탱크의 재료 구성

PE 수지
탄화수소를
투과시키지 않는 수치
PE 수지
가솔린에서
휘발하는
탄화수소의 분자
가솔린

# 66 BMW의 전기 자동차에도 사용됐던 RTM
탄소섬유강화 수지 CFRP의 성형기술(1)

60항에서 자동차 경량화의 주역은 "알루미늄보다 가볍고 철보다도 강한" 탄소 섬유가 있다고 설명했다. 현재 자동차에 사용되고 있는 PP나 나일론의 수지는 필요에 따라서 탄성이나 강도를 향상하기 위해 유리 섬유로 강화된 복합 재료를 사용되고 있다.

이 강화 소재로서 유리 섬유의 대신에 탄소 섬유를 사용한 복합 수지 재료 CFRP가 금속의 대체 재료로서 자동차 경량화 사명의 역할을 기대하고 있다. 좌측의 그림에 CFRP의 주요한 성형 방법을 정리했다.

본 항에서는 RTM을 설명하겠다. RTM(resin transfer molding)이란 1940년대에 유럽에서 개발된 기술로 일본에서는 1980년경에 유닛 욕조나 정화조 등의 생산에서 보급하기 시작했다. RTM의 공정 개요를 좌측 아래의 그림에 나타냈다.

처음의 연속 섬유를 제품 형상에 맞추어서 프리 폼 해두고, 다음에 프리폼한 연속 섬유를 하형에 세팅한다(정확하게는 그 전에 이 형제를 도포한다). 금형을 세팅한 후에, 펌프식 주입기로 액상의 열경화성수지 재료를 금형에 주입하고, 프리폼한 연속 섬유의 틈에 수지를 침투시킨다. 그 후 고온에 설정된 금형에서 전해지는 열에 의해 수지가 경화 반응을 하여 중합과 성형이 완료된다.

RTM의 문제점으로서 성형 사이클이 긴(2시간 정도) 것들을 들 수 있다. 수지를 경화하는 시간만으로도 약 30분이나 필요하다. 그래서 경화 시간을 단축할 목적으로 1985년경에 반응성이 높은 2액계 재료가 개발되었다. 폴리우레탄이나 폴리우레아 수지 등이다.

이 재료 개발에 성형 설비의 개량이 더해져 지금은 성형 사이클이 10분 이내로 가능한 것도 나왔다. 제2세대의 RTM을 일반적으로 S-RIM으로 부르고 있다. 최근에는 수지의 합침성을 향상하기 위해 금형 내부를 진공 감압하는 기술이 몇 가지 개발되고 있다. BMW의 전기 자동차 i3 소형차는 RTM으로 만들어져 있다.

❖Tip❖
ㅣ 연속 섬유에 액상의 열 강화수지를 함침시키는 방법
ㅣ 1액계의 RTM (제1세대)
ㅣ 2액계의 S-RIM (제2세대)

## 탄소 섬유 강화 수지 CFRP의 주요 성형 방법

| 탄소 연속 섬유 | 중간 기재 | 성형 방법 |
|---|---|---|
| | | FW 성형<br>• 열경화성 수지 |
| | 프리프레그 | 오토클레이브 성형<br>• 열경화성 수지 |
| 연속 섬유 로빙 | 프리폼 | RTM<br>• 열경화성 수지 |
| | 초프드섬유<br>(절단한 섬유) | 사출 성형, 프레스 성형<br>• 열가소성 수지 |

## BMW의 전기 자동차 「i3」

## CFRP제의 경량 캐빈

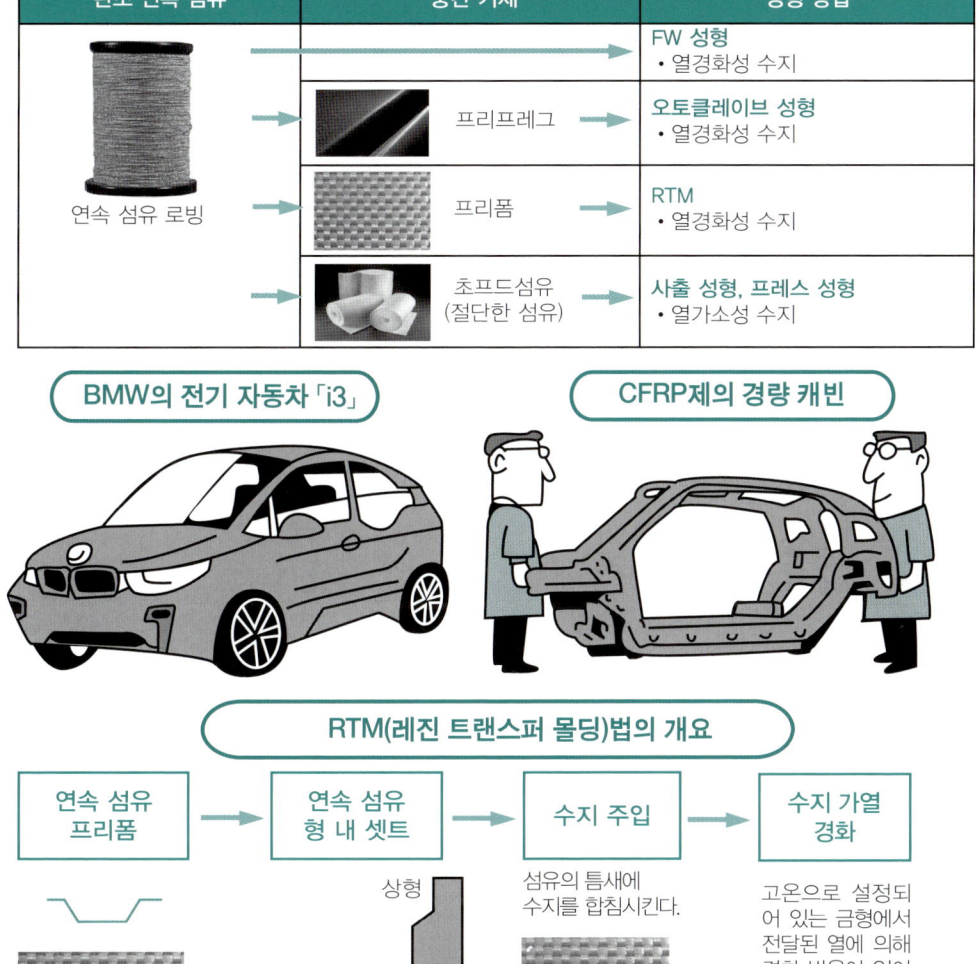

## RTM(레진 트랜스퍼 몰딩)법의 개요

연속 섬유 프리폼 → 연속 섬유 형 내 셋트 → 수지 주입 → 수지 가열 경화

상형

하형

섬유의 틈새에 수지를 합침시킨다.

고온으로 설정되어 있는 금형에서 전달된 열에 의해 경화 반응이 일어난다.

열경화성 수지 (액상)

RTM(1액)(제1세대)
• 불포화 폴리에스테르   • 비닐 에스테르
• 에폭시 수지   • 페놀 수지

S-RIM(2액)(제2세대)
• 폴리우레탄   • 폴리우레아 수지
• 다이사이클로펜타다이엔

S-RIM(Structual Reaction Molding)

# 연료 전지 자동차 MIRAI 수소 탱크의 제조 방법

석유는 재생 불가능한 바이오 원료

　　**FW**(Filament Winding) **성형법** 최초의 공정은 탄소 섬유인 연속 섬유의 로빙(Roving)을 수십 개나 갖추고 매트릭스 수지(경화되지 않은 액상 수지)를 함침시키면서 제품 형상의 맨드럴(원통형 바)인 회전하는 심재(芯材, 금형)에 일정 두께까지 연속적으로 칭칭 감는 이 공법의 핵심 공정이다.

　　감을 때는 감는 각도나 강약을 제어한다. 제2공정은 오븐 등의 가열장치로 수지를 경화(중합)시키는 공정이다. 제3공정에서는 맨드럴을 탈착해 성형품을 얻는다.

　　FW 성형은 절단하는 작업 없이 연속적으로 감으므로 섬유의 연속성을 확보할 수 있고 앞 항에서 설명한 RTM보다 섬유 함유율을 높일 수 있어 강도가 크다는 장점이 있다. 단점은 공법 원리상 형상을 자유롭게 만들기 매우 어렵다는 것이다.

　　FW 성형법의 역사는 열경화성 수지의 다른 압축 성형 등과 비교해 별로 오래되지 않아 1960년 무렵 미국에서 시작된 항공 우주 분야의 공업화가 시작이다. FW 성형으로 만들어지는 제품은 강화 섬유의 특징인 인장 방향의 강도를 최대한 유효하게 활용할 수 있어 많은 분야에서 이용되고 있다.

　　항공 우주 분야의 로켓 모터 케이스나 항공기 탑재용 음료 탱크 등에 이용되고 있으며 항공 우주 분야 이외에는 골프 클럽 샤프트, 낚싯대 및 인쇄기 롤 등에 이용되고 있다. 이 공법의 매트릭스 수지는 주로 에폭시 수지를 이용한다.

　　자동차 분야에서는 경량화 요구에 맞추어 이 공법에 의해 프로펠러 샤프트가 강재에서 CFRP로 바뀌었다. 또한 2014년 12월 발매된 도요타 자동차의 연료 전지 자동차 '미라이'에는 700기압의 고압에 견딜 수 있는 수소 가스 탱크 제조 방법에 이 공법이 이용되기도 했다. 이 탱크는 경량화를 위해 내면층은 나일론, 외면층은 유리 섬유 강화 수지, 중간층은 CFRP를 사용했다.

❖Tip❖
| 연속적으로 칭칭 감는 공법
| 강도는 높지만, 형상 자유도는 낮다.
| 연료 전지 자동차의 고압 수소 탱크 제조 방법

## FW(필라멘트 와인딩)성형 프로세스의 개요

1. 와인딩(필라멘트 와인딩)

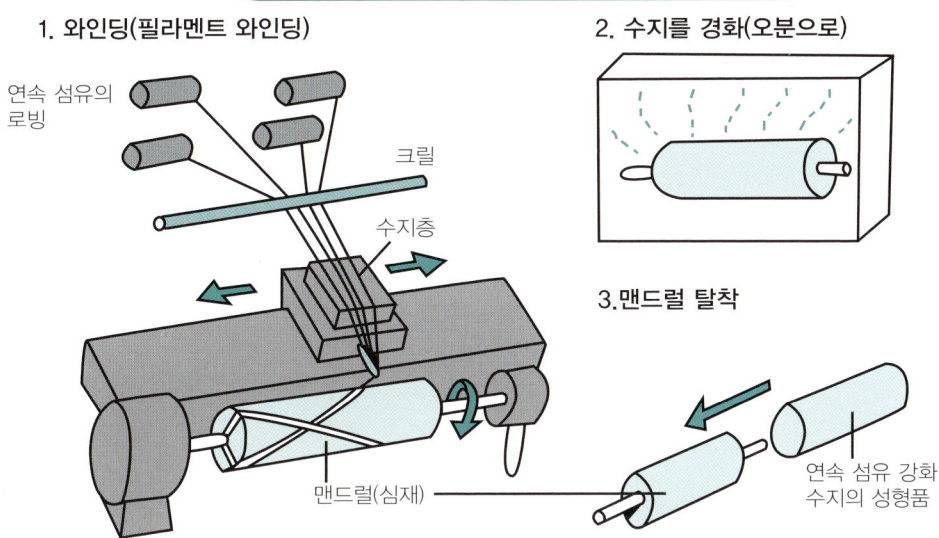

연속 섬유의
로빙

크릴

수지층

맨드럴(심재)

2. 수지를 경화(오분으로)

3. 맨드럴 탈착

연속 섬유 강화
수지의 성형품

## 도요타 자동차 연료 전지 자동차 미라이(MIRAI)

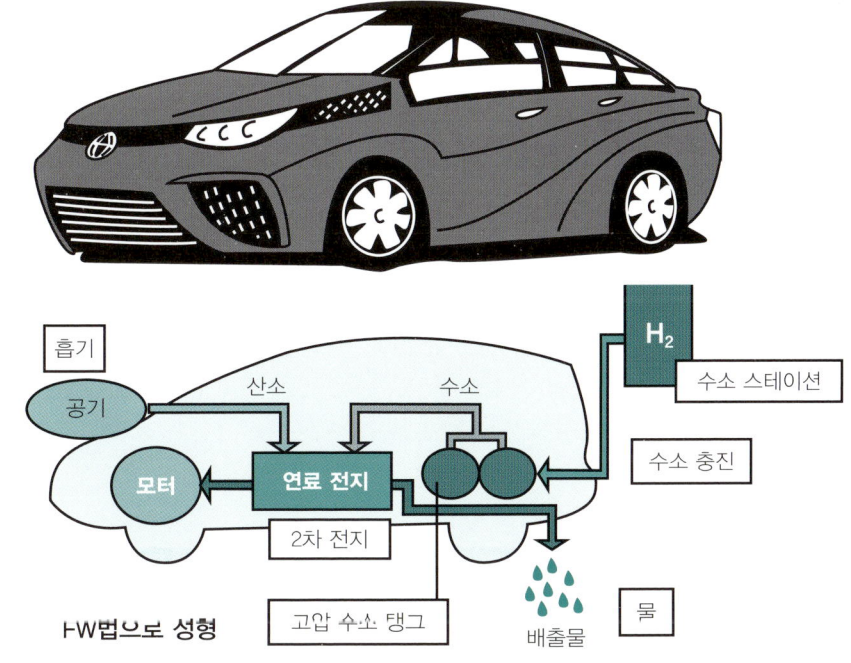

흡기

공기

산소

수소

모터

연료 전지

2차 전지

고압 수소 탱크

FW법으로 성형

$H_2$

수소 스테이션

수소 충진

배출물

물

# 68 항공기를 만드는 오토클레이브법으로 자동차를 만들 수 있을까?

탄소섬유강화수지 CFRP의 성형기술(3)

오토클레이브(Autoclave)란 내부를 고압으로 높이는 것이 가능한 내압성 가마나 장치 또는 그 장치를 이용해 실행하는 처리이다.

프리프레그(Prepreg)란 한 방향으로 정렬된 연속 섬유나 직포(織布)에 수지를 미리 함침한 다음 반경화시킨 시트 형상의 소재이다.

프리프레그 오토클레이브 성형이란 다음 페이지 상단 그림에서 보듯이 프리프레그에 진공용 백 필름을 씌운 다음 진공 감압하고 오토클레이브장치로 가압·가열함으로써 경화 성형하는 방법이다.

1940년대 이후 유리 섬유 강화 플라스틱을 이용한 핸드 레이업이나 스프레이 레이업 기술로부터 시작되어 품질과 생산성 향상을 위해 진공 백 성형(Vacuum Bag Molding)이 개발되고 더 뛰어난 고기능화를 목적으로 1970년 초 이 공법이 개발되었다.

현재는 항공 우주 산업 분야에서 항공기의 메인 날개, 꼬리 날개 등 크고 복잡한 형상의 제품에 적용되고 있다. 재료 면에서는 유리 섬유로부터 탄소 섬유로 옮겨가고 있다. 연속 섬유와 매트릭스 수지를 일체화한 프리프레그는 오토클레이브 성형에서 품질과 생산성 향상을 위해 개발된 중간 소재이다. 섬유 함유율과 섬유 배향(配向)을 제어할 수 있을 뿐만 아니라 적층도 쉬워 성형품의 부분 보강 재로도 활용할 수 있다.

오토클레이브 성형은 항공기처럼 얇고 면적이 크면서도 복잡한 형상의 제품에는 적합하지만 배치(Batch) 방식, 대규모 설비, 프리프레그의 적층 등 수작업이 많아 생산성이 낮고 백 필름 등의 부자재가 고가라는 등 단점도 많아 다른 산업에서는 별로 이용되지 않고 있다.

2010년 이후 탄소 연속 섬유로 강화한 열경화성 수지를 자동차에 적용한 사례를 하단 표에 정리했다. 유럽과 일본에서는 더 엄격해지는 환경규제에 대응하는 수단으로 경량화를 위해 이 재료의 사용이 증가하고 있다. 성형법으로 오토클레이브 성형 사례는 별로 없고 66항에서 설명한 RTM이 가장 많다.

❖Tip❖
| 항공기의 메인 날개, 꼬리 날개 등 크고 복잡한 형상에 적용
| 자동차에 사용한 예는 적다.

## 프리프레그·오토클레이브 성형의 공정 개요

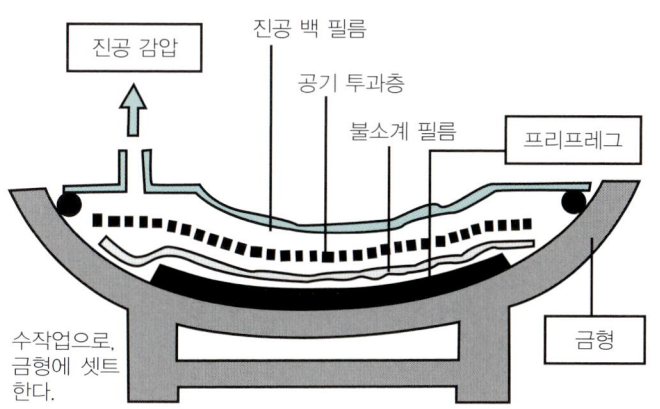

진공 감압

진공 백 필름

공기 투과층

불소계 필름

프리프레그

수작업으로, 금형에 셋트 한다.

금형

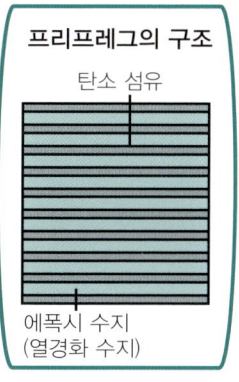

### 프리프레그의 구조

탄소 섬유

에폭시 수지
(열경화 수지)

렉서스 LFA

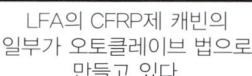

LFA의 CFRP제 캐빈의 일부가 오토클레이브 법으로 만들고 있다.

## 자동차에서 CFRP의 주요 적응 사례

| 사명 | 도요타자동차 | 람보르기니 | 마크라렌 | 후지중공업 | 다이믈러 | BMW | 도요타자동차 |
|---|---|---|---|---|---|---|---|
| 판매년도 | 2010년 | 2011년 | 2011년 | 2011년 | 2012년 | 2013년 | 2014년 |
| 차명 | 렉서스 LFA | Aventador LP 700-4 | MP4-12C | 임프레셔 WRX | Mercedes-Benz SL | 전기 자동차 i3 | 연료전지 자동차 밀라이 |
| 적응개소 | 캐빈 | 캐빈 | 캐빈 | 루프 | 뒷부분 리드 | 캐빈 | 수소 탱크 |
| 성형법 | 오토클레이브 RTM SMC | 오토클레이브 RTM | RTM | RTM | RTM | RTM | 필라멘트 와인딩 |

# GM 중흥의 원조, 알프레드 슬론
# 모델 변경과 풀 라인업 전략

알프레드 슬론(1875~1966)은 33년 동안 제너럴 모터스에서 사장직과 회장직을 역임하며 GM을 세계 최대 자동차 제작사로 성장시켰다. 초기의 포드는 T형 포드로 대표되듯이 전 세계에서 1가지 차종만 대량 생산하는 전략을 폈다.

반면, 슬론은 수년마다 기존 차종을 모델 변경하는 마케팅 방법을 채택했다. 모델 변경을 통해 소비자가 타던 차는 곧바로 구형이 되면서 교체 수요를 촉진시켜 신차를 계속 판매하는 오늘날 상식이 된 방법을 최초로 확립했다. 또한, 저가부터 고가까지 모든 소비자들의 욕구를 충족시킬 만큼 풀 라인업 체제를 갖추었다. 이 때문에 여러 브랜드를 보유했는데 최하위에 쉐보레, 최상위에 캐딜락이 자리매김하면서 T형 포드에 대항했다. 이로 인해 GM 대중차를 타던 오너가 더 비싼 차종으로 갈아타려고 할 때 고객을 타사에 빼앗기지 않고 다시 GM 브랜드 중에서 선택할 수 있는 환경을 만든 것이다.

1920년대 초 미국 최대 자동차회사였던 포드는 슬론의 이 마케팅 방법을 거부하고 T형 포드만 대량 생산하고 저가를 고집하는 전략으로 일관했다. 그 결과, 모델 변경과 풀 라인업 전략을 내세운 GM이 주도권을 잡으면서 1930년대 자동차업계의 정상에 올랐다.

슬론이 최고위직에 있을 당시 GM은 세계 최대 규모와 막대한 수익을 자랑하는 제작사로 군림했다. 그는 사회공헌에도 고민하다가 1934년 비영리조직 슬론 재단을 설립하고 이상적인 경영자의 육성을 위해 매사추세츠공대에 'MIT 슬론 스쿨 오브 매니지먼트'라는, 전미 굴지의 비즈니스 스쿨을 개설했다. 그의 저서인 "GM과 함께(My Years with GM)"는 저명한 경영 철학서이다.

# 자동차 케미컬의 대발견

**초판인쇄** _ 2018 년 1 월 3 일
**초판발행** _ 2018 년 1 월 10 일

발행인 _ 김길현
발행처 _ (주) 골든벨
등 록 _ 제 1987-000018 호 ⓒ 2018 Golden Bell Corp.

편 성 _ (주)골든벨 R&D 연구센터
감 수 _ 장재덕
기술교정 _ 이상호
편집 및 디자인 _ 조경미 , 김한일 , 김주휘      제작진행 _ 최병석
오프 마케팅 _ 우병춘 , 강승구               웹 매니지먼트 _ 안재명 , 김경희
공급관리 _ 오민석 , 최레베카                회계관리 _ 김경아 , 이승희

ISBN_ 979-11-5806-199-9
**가 격** _ 15,000 원

주 소 _ 서울특별시 용산구 원효로 245 ( 원효로 1 가 53-1) 골든벨 빌딩 5～6 층
전 화 _ 영업부 02-713-4135 / 편집부 02-713-7452
팩 스 _ 02-718-5510
이메일 _ 7134135@naver.com
홈페이지 _ www.gbbook.co.kr